辽宁省优秀自然科学著作

有机磷酸酯阻燃剂与增塑剂分析方法及其典型区域污染特征研究

罗 庆 汤家喜 冯良山 杨 宁 著

辽宁科学技术出版社
·沈阳·

图书在版编目（CIP）数据

有机磷酸酯阻燃剂与增塑剂分析方法及其典型区域污染特征研究／罗庆等著．—沈阳：辽宁科学技术出版社，2023.10
（辽宁省优秀自然科学著作）
ISBN 978-7-5591-3241-3

Ⅰ.①有…　Ⅱ.①罗…　Ⅲ.①磷酸酯类—阻燃剂—有机污染物—污染防治—研究　②磷酸酯类—增塑剂—有机污染物—污染防治—研究　Ⅳ.①X5

中国国家版本馆CIP数据核字（2023）第178755号

出版发行：辽宁科学技术出版社
　　　　　（地址：沈阳市和平区十一纬路25号　邮编：110003）
印　刷　者：辽宁鼎籍数码科技有限公司
经　销　者：各地新华书店
幅面尺寸：185 mm×260 mm
印　　张：9.25
字　　数：230千字
出版时间：2023年10月第1版
印刷时间：2023年10月第1次印刷
责任编辑：郑　红
封面设计：刘　彬
责任校对：栗　勇

书　　号：ISBN 978-7-5591-3241-3
定　　价：100.00元

联系电话：024-23284526
邮购热线：024-23284502
http://www.lnkj.com.cn

前　言

　　有机磷酸酯（Organophosphate Esters, OPEs）作为一类阻燃剂和增塑剂，以其良好的阻燃、增塑和润滑效果被广泛应用于塑料制品中，并且主要以添加而非化学键合的方式加入，使得 OPEs 极易释放到周围环境中。目前，我国水、土、气等各类环境样品均已遭受了较为严重的 OPEs 污染。更为重要的是，OPEs 并不安全，已有大量研究表明 OPEs 对神经系统、生殖系统、内分泌系统和免疫系统具有毒害作用，尤其许多毒性效应是发生在实际环境浓度下。此外，大部分的 OPEs，特别是毒性大的氯代 OPEs 在土壤中的生物有效态含量较高，极易通过植物根系吸收并在地上部富集，最终通过食物链进入人体，危害人体健康。因此，亟须开展 OPEs 的各项相关研究，包括建立水、土、植物等环境样品中 OPEs 的快速、准确、灵敏的分析方法，以及分析 OPEs 在典型区域环境中的污染特征、污染来源及健康与生态风险，为 OPEs 的污染防控提供准确的基础数据。

　　本书所述内容是在国家自然科学基金青年项目（41807384）、中国博士后科学基金面上项目一等资助（2018M630304）、辽宁省自然科学基金重点项目（20170520384）、辽宁省应用基础研究计划（2023JH2/101300015）和沈阳市中青年科技创新人才支持计划（RC220128）等多个项目的资助下共同完成的。

　　全书共分 11 章。第 1 章绪论，系统介绍了相关的国内外研究进展以及本文的研究背景及目的意义。第 2 章土壤中有机磷酸酯的同时加速溶剂萃取与净化分析方法，利用加速溶剂萃取仪的独特萃取结构和过程，通过对净化填料与萃取溶剂的匹配性实验，以及对萃取温度、循环次数等其他萃取条件和气相色谱 – 质谱联用仪测试条件的优化，建立了同时加速溶剂萃取与净化联合气相色谱 – 质谱联用仪分析土壤中有机磷酸酯的精准方法。第 3 章水中有机磷酸酯的固相微萃取分析方法，通过对固相微萃取纤维头种类的选取，以及对 pH、NaCl 浓度、助溶剂、萃取时间、萃取温度、搅拌速度等萃取条件的优化，建立了固相微萃取联合气相色谱 – 质谱联用仪分析水中有机磷酸酯的精准方法。第 4 章水中有机磷酸酯的液液微萃取分析方法，通过对萃取剂、分散剂和去乳化剂的种类和体积、萃取时间以及样品的 pH 等萃取条件的优化，以及超高效液相色谱 – 三重四级杆串联质谱仪测试条件的优化，建立了溶剂去乳化 – 悬浮固化分散液液微萃取联合超高效液相色谱 – 三重四级杆串联质谱仪分析水中有机磷酸酯的精准方法。第 5 章植物中有机磷酸酯的同时加速溶剂萃取与净化分析方法，利用加速溶剂萃取仪的独特萃取结构和过程，通过对净化填料与萃取溶剂的匹配性实验，以及对萃取温度、循环次数等其他萃取条件和气相色谱 – 质谱联用仪测试条件的优化，建立了同时加速溶剂萃取与净化联合气相色谱 – 质谱联用仪分析植物中有机磷酸酯的精准方法。第 6 章植物中有机磷酸酯的基质固相分散萃取分析方法，通过对分散剂的种类、洗脱溶剂的种类和体积、样品与分散剂的质量比等参数的优化，建立了基质固相分散萃取联合气相色谱 – 三重四级杆串联质谱仪分析植物中有机磷酸酯的精准方法。第 7 章沈阳城市土壤中有机磷酸酯的污染特征，通过采集 74 个不同土地利用类型的沈阳城市土壤样品，分析了沈阳城市土壤中有机磷酸酯的含量水平与空间分布、组成特征与污染来源以及健康风险。第 8 章辽河干流河岸带土壤中有机磷酸酯的污染特征，通过采集 24 个辽河干流河岸带土壤样品，分析了辽河干流河岸带土壤中有机磷酸酯的含量水平与空间分布、有机磷酸酯及其与总有机碳的相互关系以及生态风险。第 9 章土壤中有机磷酸酯的粒径分布规律及其与总有机碳的相互关系，通过采集 8 个不同土地利用类型的土壤样品，分析了不同土地利用类型土壤不同粒径组分中有机磷酸酯的含量水平与分布规律，阐明了土壤中有机磷酸酯与总有机碳和黑炭的相互关系。第 10 章辽河干流沉积物中有机磷酸酯的污染特征，通过采集 24 个辽河干流表层沉积物样品，分析了辽河干流沉积物中有机磷酸酯的含量水平与分布特征、组成特征与相关性、污染来源与生态风险。第 11 章辽河口湿地沉积物中有机磷酸酯的污染特征，通过分别采集丰水期、平水期和枯水期 26 个采样点的共计 78 个辽河口湿地沉积物样品，分析了辽河口湿地沉积物中有机磷酸酯的含量水平与分布特征、组成特征与污染来源、生态与健康风险以及季节性变化。

在编写本书过程中，沈阳大学谷雷严、吴中平、王聪聪、李瑜婕和张截流等硕士研究生给予了很大的帮助，在此表示感谢！最后，特别要感谢沈阳大学孙丽娜教授和辽宁省林业科学研究院范俊岗教授级高级工程师对本书提出的指导性意见。由于时间较短、学识水平有限，书中可能存在一些纰漏、不足甚至错误，敬请专家和读者批评指正。

罗　庆

2023 年 2 月

目 录

1 绪论

1.1 研究背景与目的意义

塑料制品已经成为人们生活中至关重要的部分，全球每年有超过 2.4 亿 t 的塑料被用于建筑、机械设备和日常生活中（Thompson 等，2004）。为了改善塑料制品的性质、降低塑料制品的燃烧风险，人们在塑料制品中添加了增塑剂、阻燃剂等添加剂（王晓伟等，2010）。多溴联苯醚（Poly Brominated Diphenyl Ethers，PBDEs）和有机磷酸酯（Organophosphate Esters，OPEs）是两类典型的塑料添加剂。由于 PBDEs 的毒性、生物积累性和持久性等特性，近年来，四溴联苯醚、五溴联苯醚等大部分 PBDEs 被列入或建议列入持久性有机污染物（POPs）名单，欧美各国也已陆续禁止了 PBDEs 的生产和使用（Xia 等，2011），自然环境中的 PBDEs 含量也呈下降趋势（Crimmins 等，2012）。OPEs 以其良好的阻燃、增塑和润滑效果，低的生产成本和简单的生产工艺，以及相对隐蔽的生物毒性效应（Abou-Donia 等，1990），成为 PBDEs 最合适的替代品，近十几年来的生产量和使用量均快速增加（European Flame Retardants Association，2012），自然环境中的 OPEs 含量也迅速上升（Dodson 等，2012）。

OPEs 是一类人工合成的磷酸衍生物，根据取代基的不同可分为氯代 OPEs、烷基 OPEs 和芳香基 OPEs 3 类。其中，氯代 OPEs 主要包括磷酸三（2- 氯乙基）酯（TCEP）、磷酸三（2- 氯异丙基）酯（TCIPP）和磷酸三（1，3- 二氯异丙基）酯（TDCPP）等，主要作为阻燃剂添加到硬质和软质的聚氨酯泡沫材料中；烷基 OPEs 主要包括磷酸三（2- 丁氧基乙基）酯（TBOEP）、磷酸三丁酯（TNBP）、磷酸三异丁酯（TIBP）和磷酸三辛酯（TEHP）等，主要作为增塑剂应用于不饱和聚酯树脂、醋酸纤维素、聚氯乙烯以及合成橡胶等材料中；芳香基 OPEs 主要包括磷酸三苯酯（TPHP）、磷酸（2- 乙基己基）二苯酯（EHDPP）和磷酸三甲苯酯（TMPP）等，主要作为阻燃增塑剂应用于 PVC 材料、纤维素聚合物、热塑性塑料以及合成橡胶中（王晓伟等，2010）。本研究所选定的目标 OPEs 的理化性质如表 1.1 所示。

近年来，随着人们对 OPEs 的越发关注，越来越多的毒理学研究结果表明 OPEs 具有生殖毒性、神经毒性和致癌性。如 TCEP 可引起大鼠的大脑和肝脏损伤并引发癌症（Matthews 等，1993）；TMPP、TDCPP 和 TPHP 能明显地影响斑马鱼体内的性激素平衡（Liu 等，2012）；TCIPP 和 TDCPP 能明显地抑制小鸡的孵化和生长发育（Farhat 等，2013）；TMPP 能损害大鼠的生殖能力，破坏输精管、子宫和卵巢（Latendresse 等，1994）；TPHP 会引起接触性皮炎，并在小鼠体内抑制神经传导（Saboori 等，1991）；长期接触或直接摄入 TDCPP 和 TPHP 会抑制人体的荷尔蒙水平并破坏男性生殖细胞（Meeker 等，2010）；TNBP 可能具有神经毒性，TBOEP 是一种可疑致癌化合物（Reemtsma 等，2008）。

由于 OPEs 主要以添加方式而非化学键合方式加入材料中，使其很容易通过挥发、产品磨损和渗漏等方式进入各种环境介质中（严小菊等，2012）。而且阻燃剂在最终产品中可以占到重量的 10% 以上（Leisewitz 等，2001），这将形成可观的污染源。目前，国内外多个城市污水处理厂的进水和出水中均检测到多种 OPEs（Marklund 等，2005；O'Brien 等，2015；Zeng 等，2015；Kawagoshi 等，2002），浓度最高可达 158.64 mg/L，并发现现有的污水处理工艺对 OPEs 的处理效果并不是很好，特别是氯代 OPEs 几乎没有被去除；污水处理厂的污泥中也检测到了较高浓度的 OPEs（Marklund 等，2005；高立红，2016；Bester，2005），浓度最高可达 20 mg/kg。英、德等国的河流湖泊中也检测到了 OPEs，并发现 TCIPP 的浓度水平明显高于同时检出的多溴联苯醚 BDE-209（Cristale 等，2013a；Regnery 等，2010）；我国的太湖、珠江三角洲以及环渤海 40 条主要入海河流的水体和沉积物中均检测到了 OPEs（严小菊等，2013；谭晓欣等，2016；王润梅等，2015），北京城区地表水中也检测到了 OPEs（高立红等，2016）。土壤中 OPEs 的污染状况也不容忽视，日本、美国、德国等地的土壤样品中均有不同类型的 OPEs 检出（Mihajlovic 等，2012），我国北京、广州、成都等城市周边土壤中也有不同类型的 OPEs 检出（高立红等，2016；印红玲等，2016；温家欣等，2010）。此外，在室内外空气、悬浮颗粒物和灰尘中也存在着不同程度的 OPEs 污染（Makinen 等，2009；Yang 等，2014a；He 等，2015；Salamova 等，2014a，b；Quintana 等，2007），并且室内灰尘中 OPEs 的浓度水平已超过了 PBDEs（Brommer 等，2012）；而且在欧洲北极、东南极冰盖等偏远地区的大气颗粒物、气溶胶中也存在不同浓度的 OPEs（Moller 等，2012；Salamova 等，2014b；程文瀚等，2013），并且部分地区的 OPEs 总浓度水平还超过了 PBDEs。总之，OPEs 已广泛存在于水、土、气等各种环境介质中，其污染已不容忽视。

因此，急需开展 OPEs 的相关研究，包括建立水、土、植物等环境样品中 OPEs 的快速、准确、灵敏的分析方法，以及分析 OPEs 在典型区域环境中的污染特征、污染来源及健康／生态风险，为 OPEs 的污染防控提供准确的基础数据，具有重要的科学意义和现实价值。

化合物	缩写	分子式	分子量	CAS 号	纯度	辛醇－水分配系数	标化分配系数
磷酸三乙酯 (Triethyl phosphate)	TEP	$C_6H_{15}O_4P$	182.16	78–40–0	99.9%	0.8	1.68
磷酸三丙酯 (Tripropyl phosphate)	TPP	$C_9H_{21}O_4P$	224.23	513–08–6	99.6%	2.67	2.83
磷酸三异丁酯 (Tri-iso-butyl phosphate)	TIBP	$C_{12}H_{27}O_4P$	266.31	126–71–6	98%	3.6	3.05
磷酸三丁酯 (Tributyl phosphate)	TNBP	$C_{12}H_{27}O_4P$	266.31	126–73–8	99.8%	4.0	3.28
磷酸三辛酯 (Tri(2-ethylhexyl) phosphate)	TEHP	$C_{24}H_{51}O_4P$	434.63	78–42–2	98%	4.22	6.87
磷酸三丁氧乙酯 (Tri-butoxyethyl phosphate)	TBOEP	$C_{18}H_{39}O_7P$	398.47	78–51–3	93%	3.65	4.38
磷酸三 (2-氯乙基) 酯 (Tris-(2-chloroethyl) phosphate)	TCEP	$C_6H_{12}C_{13}O_4P$	285.49	115–96–8	99%	1.44	2.48
磷酸三 (1-氯 -2-丙基)酯 (Tris-(1-chloro-2-propyl) phosphate)	TCIPP	$C_9H_{18}C_{13}O_4P$	327.57	13674–84–5	99.5%	2.59	2.71
磷酸三 (1,3-二氯 -2-丙基) 酯 (Tris[2-chloro-1-(chloromethyl) ethyl] phosphate)	TDCPP	$C_9H_{15}C_{16}O_4P$	430.91	13674–87–8	96%	3.8	2.35
磷酸三苯酯 (Triphenyl phosphate)	TPHP	$C_{18}H_{15}O_4P$	326.28	115–86–6	99.9%	4.59	3.72
2-乙基己基二苯基磷酸酯 (2-Ethylhexyl diphenyl phosphate)	EHDPP	$C_{20}H_{27}O_4P$	362.40	1241–94–7	93%	5.37	4.21
磷酸三甲苯酯 (Tricresyl phosphate)	TMPP	$C_{21}H_{21}O_4P$	368.36	1330–78–5	98.6%	5.11	4.35
三苯基氧化膦	TPPO	$C_{18}H_{15}OP$	278.28	791–28–6	98%	2.87	2.94

表 1.1 目标化合物的名称及理化性质

1.2 国内外研究进展

1.2.1.1 土壤中 OPEs 的分析方法

为了检测目标化合物，避免样品基质的干扰，固体样品中的有机污染物应进行提取纯化，OPEs 也不例外。固体样品（如土壤、沉积物和粉尘）中的 OPEs 主要采用索氏提取法（Wan 等，2016；Lu 等，2014）、超声波提取法（Chu 等，2015；Liu 等，2016）、微波辅助提取法（MAE）（García–López 等，2007；Ma 等，2013a）和加速溶剂提取法（ASE）（Aragón 等，2012；Zheng 等，2014；Saini 等，2016）进行提取。另一方面，提取物通常通过层析柱（Kim 等，2011；García–López 等，2009）、固相萃取（SPE）（Lu 等，2014；Chu 和 Letcher，2015；Liu 等，2016；García–López 等，2007）、凝胶渗透色谱（GPC）（Ma 等，2013a）和固相微萃取（SPME）（Zheng 等，2014）进行纯化。萃取和纯化分两步进行，耗时较长。而 ASE 的特殊构造，提取液从上到下流出萃取池，为提取和纯化二合一提供了可能。这是一个一步到位的过程，在萃取池的底部（土壤样品的下方）添加净化材料。萃取液在流出萃取池前会流经净化材料，达到净化的效果，目前，该方法已成功应用于鱼类样品中多溴联苯的测定（Malavia 等，2011；Losada 等，2010）。OPEs 主要采用气相色谱 – 质谱法（GC–MS）（Lu 等，2014；García–López 等，2007；Ma 等，2013a；Aragón 等，2012）和液相色谱 – 质谱法（LC–MS）（Chu 等，2015；Guo 等，2016；Long 等，2017）进行检测。LC–MS 在 OPEs 分析中表现出优异的灵敏度和特异性，但基质干扰阻碍了 LC–MS 的进一步应用，尤其是使用电喷雾电离源（ESI）时（Chu 等，2015）。而 GC–MS/MS 具有较高的选择性和灵敏度，非常适用于分析复杂基质中的痕量有机化合物。

因此，本研究拟采用 ASE 提取和纯化土壤中的目标化合物，然后采用 GC–MS/MS 进行定量。对 ASE 的主要参数进行了优化，包括有机溶剂的种类、净化材料的种类、提取温度、静态提取时间和提取次数。并优化了离子阱 MS/MS 参数，包括"q"值和共振激发电压，以获得 OPEs 分析的最佳灵敏度。对所提出的方法进行了验证，并最终应用于实际土壤样品中 OPEs 的分析。

1.2.1.2 水中 OPEs 的分析方法

一般来说，OPEs 在水中的浓度较低，因此通常需要采用有效的预处理方法来萃取 OPEs。不同的预处理技术，包括液 – 液萃取（LLE）、固相萃取（SPE）、固相微萃取（SPME）、分散液 – 液微萃取（DLLME）和漂浮固化 DLLME（DLLME–SFO），已被应用于水样中 OPEs 的预处理（Martínez–Carballo 等，2007；Ding 等，2015；Li 等，2014；Shi 等，2016；Rodríguez 等，2006；Tsao 等，2011；García–López 等，2007；Luo 等，2014；

Pang 等，2017）。然而，这些方法有不同的缺点。例如，LLE 通常需要大量的样品和有毒的有机溶剂，SPE 也需要大量的样品并且容易堵塞，SPME 通常耗费大量时间且萃取纤维容易损坏。DLLME 是一种有效的方法，只需要少量的样品和溶剂。然而，它经常使用卤代烃作为萃取剂，而卤代烃具有高毒性和对环境有害。DLLME-SFO 是一种改良的 DLLME，它使用密度低、熔点适当、毒性低的溶剂作为萃取剂。但是，它需要离心分离有机相和水相。溶剂去乳化 -DLLME-SFO（SD-DLLME-SFO）是一种可以避免上述缺点的改进方法。它使用去乳剂而不是离心分离有机相和水相，这使得它适用于现场分析（Wang 等，2014a）。SD-DLLME-SFO 已成功用于有机化合物的分析，包括有机氯农药、多环芳烃和磺酰脲类除草剂（Leong 等，2009；Xu 等，2009；Li 等，2016）。然而，它还没有被用于测定 OPEs。

因此，本研究拟采用 SD-DLLME-SFO- 超高效液相色谱 - 串联质谱法（UHPLC-MS/MS）测定水样中的 OPEs。并选取不同来源的水体样品，评价了该方法的效率，并分析了实际样品中 OPEs 的含量。

1.2.1.3 植物中 OPEs 的分析方法

近来，在大米样品和其他常吃的食物中发现了 OPEs（Zhang 等，2016）。但在植物，尤其是蔬菜中的污染数据仍然很少。大多数蔬菜都是在温室中种植的。聚氯乙烯（PVC）膜常被用作温室中的地膜和棚膜。在 PVC 的生产过程中，需要添加许多塑料添加剂。最近的一项研究指出，PVC 材料（如 PVC 墙纸和 PVC 管道）含有高浓度的 OPEs（Wang 等，2017）。因此，在蔬菜生长过程中，蔬菜很可能会吸收 PVC 地膜和棚膜释放到空气和土壤中的 OPEs，但相关研究鲜有报道。空气、水和土壤中的 OPEs 的测定方法已有很多报道（Sanchez 等，2003；Gao 等，2013；Mihajlović 等，2011），但据我们所知，尚未有专门针对植物的测定方法报道。为了检测植物中的 OPEs，亟须开发一种有针对性的测定方法。

目前，OPEs 的检测主要采用气相色谱 - 氮磷检测器（GC-NPD）、气相色谱 - 质谱（GC-MS）和液相色谱 - 质谱（LC-MS）等方法。NPD 对含磷化合物具有较好的选择性和较高的灵敏度，但是存在着稳定性低和共流出等问题（Garcia 等，2007）。LC-MS 对 OPEs 有非常好的灵敏度和特异性，但是基质干扰影响了它的应用，特别是选用电喷雾离子源（ESI）时（Chu 等，2015）。GC-MS 是检测 OPEs 的常用方法，但是也面临碎片离子过多、麦氏重排等问题影响灵敏度（Aragón 等，2012；Ma 等，2013a）。固体样品中的 OPEs 主要采用索式萃取、超声萃取、振荡萃取、微波辅助萃取或加速溶剂萃取等方法提取，然后采用硅胶、氧化铝、弗罗里硅土或氨基键合硅胶（PSA）等净化填料来净化提取液。提取和净化分两步进行，不仅增加了样品的前处理时间，也加大了有机溶剂的消耗量。

因此，本研究利用加速溶剂萃取仪的特殊构造，将样品的提取和净化同时进行，并采用具有较高选择性和灵敏度的气相色谱 - 离子阱二级质谱法检测，建立了同时测定植物中 13 种 OPEs 的分析方法，并应用于实际样品的分析，效果较为理想。

1.2.2 环境介质中有机磷酸酯的污染现状

1.2.2.1 水中 OPEs 的污染现状

OPEs 已经广泛存在于海水、湖水、河水以及污水处理厂的进出水等水体中。欧洲各国大多数的污水处理厂的出水中都可以检测出 TCIPP 和 TCEP，其浓度维持在几百个 ng/L，并且 TCIPP 具有难降解的特性（王晓伟等，2010）。中国连云港城市水体中 OPEs 污染较为严重，TCEP 的浓度为 550.54 ~ 617.92 ng/L（Hu 等，2014）。对中国南京 6 家自来水厂的出水检测发现，TBOEP、TPP 和 TCIPP 是检出频率、浓度都很高的 3 种 OPEs，其浓度分别为 70.1 ng/L、40.0 ng/L 和 33.4 ng/L；同时也发现瓶装水中也存在 OPEs，只是浓度较自来水低 10% ~ 25%（Li 等，2014）。

地表水中的 OPEs 可通过地下渗漏等作用进入地下水，目前已有研究指出在地下水中检出多种 OPEs。Regnery 等（2010）研究发现 TCIPP 和 TCEP 是地下水中检出的主要 OPEs，并发现降水对农村地下水中 OPEs 的影响较小，但对城市地下水中 OPEs 的污染则具有明显影响，并且地下水中非氯代 OPEs 的浓度水平随着远离河堤渗滤位置而逐渐降低，这可能是由于生物转化和吸附作用的双重影响导致的。

湖泊中 OPEs 的来源与人类的生活密不可分，因此城市湖泊中的 OPEs 的污染浓度要高于乡村（高小中等，2015）。降水和径流中也存在 OPEs 污染，且污染浓度受周围环境影响较大，例如德国的城市雨水中 OPEs 的浓度水平约为乡村的 2 倍（Regnery 等，2010）。

1.2.2.2 大气及灰尘中 OPEs 的污染现状

目前已有大量研究表明，大气及灰尘中广泛存在 OPEs 污染。例如，瑞士苏黎世大气中残留的 TPHP 浓度为 0.19 ~ 5.7 ng/m³（Hartmann 等，2004）。室内灰尘中也含有较高浓度的 OPEs，其中 TPHP、TCIPP、TDCPP 和 TCEP 是最主要的 OPEs 组分（鹿建霞等，2014；Marklund 等，2003；Kim 等，2013）。在对美国 50 个室内灰尘样品的分析发现，96% 的样品存在 TDCPP 的检出，检出 TCP 的样品数占 24%（Leonards 等，2010）。美国波士顿地区的大气灰尘样品中主要存在的 3 种 OPEs 为 TPHP（7360 ng/g）、TDCPP（1890 ng/g）和 TCIPP（572 ng/g）（Stapleton 等，2009），而菲律宾的大气灰尘样品中总 OPEs 浓度仅有 240 ~ 550 ng/g（Kim 等，2013）。

机动车内空气中也存在 OPEs 污染，但不同类型车辆中空气 OPEs 污染浓度差异较小。例如，有研究表明小汽车内 OPEs 的浓度为 15 ~ 1800 ng/m³（车外：2 ~ 320 ng/m³），公交车内 OPEs 的浓度为 6 ~ 2300 ng/m³（车外：2 ~ 5 ng/m³），地铁中 OPEs 的浓度为 2 ~ 2000 ng/m³（Staaf 等，2005）。但不同使用年限的车辆空气中，OPEs 污染存在显著差异。例如，有研究表明，使用 1 年的车辆中 OPEs 为 0 ~ 9.4 ng/m³，而使用 9 年的车辆中 OPEs 浓度高达

$0 \sim 260$ ng/m^3（Hartmann 等，2004）。

1.2.2.3 土壤及沉积物中 OPEs 的污染现状

土壤及沉积物中也存在广泛的 OPEs 污染。广州市的城市土壤中 OPEs 的总浓度平均值为 240 ng/g（Cui 等，2017），尼泊尔的城市土壤中 OPEs 的总浓度为 248 ng/g（Yadav 等，2018a），三峡库区的农田土壤中 OPEs 的总浓度为 272 ng/g（何明靖等，2017），重庆和成都城市土壤中 OPEs 的总浓度分别为 46.4 ng/g 和 99.9 ng/g（杨志豪等，2018；印红玲等，2016）。而德国奥斯纳布吕克大学的校园土壤中 OPEs 的总浓度为 9.80 ng/g（Mihajlović 等，2011），而越南兴安的稻田土壤中 OPEs 的总浓度仅为 12.3 ng/g（Matsukami 等，2015）。从各 OPEs 单体来看，TBOEP 和磷酸三（甲基苯基）酯 [tris(methyl phenyl) phosphate，TMPP] 分别是广州和尼泊尔城市土壤中含量最高的 OPEs 单体（Cui 等，2017；Yadav 等，2018a）；TMPP 和 EHDPP 是三峡库区农田和消落带土壤中最主要的 OPEs 单体，二者贡献率超过 90%（何明靖等，2017）；TCIPP 和 EHDPP 是重庆城市土壤中主要的 OPEs 单体，但不同功能区二者的贡献率相差较大（杨志豪等，2018）。

Xing 等（2018）研究了骆马湖、房亭河和沂河沉积物中 12 种 OPEs 的含量水平与空间分布，并进行了生态和健康风险评价；Zeng 等（2018）分析了浑河沉积物中 7 种 OPEs 的含量水平、空间分布与生态风险；Zha 等（2018）分析了长江南京段悬浮颗粒物和沉积物中 8 种 OPEs 的含量水平，阐明了 OPEs 在不同粒径悬浮颗粒物中的分布规律，计算了 OPEs 在水体和沉积物中的分配系数并探讨了其分配机制；Wang 等（2018a）研究了太湖沉积物中 11 种 OPEs 的含量水平、污染来源，计算了 OPEs 在水体和沉积物中的分配系数并探讨了其分配行为；Tan 等（2016）分析了珠江三角洲西江、北江和珠江 3 条河流沉积物中 12 种 OPEs 的含量水平与空间分布；Zhong 等（2018）研究了渤海和黄海海洋沉积物中 8 种 OPEs 的含量水平与空间分布，并估算了沉积物中 OPEs 的蓄积量；Ma 等（2017）分析了从北太平洋到北冰洋海洋沉积物中 7 种 OPEs 的含量水平与空间分布，并估算了北冰洋中部盆地 OPEs 的蓄积量。

2 土壤中有机磷酸酯的同时加速溶剂萃取与净化分析方法

2.1 气相色谱串联质谱条件的选择与优化

依据目标 OPEs 的理化性质，选择 TR–5MS 毛细管柱（30 m × 0.25 mm × 0.25 μm）作为 OPEs 分析用色谱柱。然后在质谱全扫描模式下，对 500 μg/L 的 OPEs 标准品进行分析，通过调整色谱柱升温程序、载气流速和进样模式等参数，实现 OPEs 的色谱分离。当色谱条件为：流速 1 mL/min，脉冲不分流进样，脉冲压力 20 psi，进样量 2 μL，进样口温度 250 ℃，色谱柱升温程序：初始柱温 50 ℃，保持 1 min，以 10 ℃/min 升至 180 ℃，保持 8 min，以 20 ℃/min 升至 240 ℃，保持 8 min，以 3 ℃/min 升至 255 ℃，再以 30 ℃/min 升至 300 ℃，保持 5 min；能够基本实现 15 种 OPEs（13 种目标化合物、2 种内标化合物）的基线分离。

在此气相色谱条件下进行质谱全扫描，获得 15 种 OPEs 的色谱保留时间，并选择相对丰度较高和质量数较大的离子作为每个 OPEs 的母离子。对于 TPP 和 TIBP 来说，m/z 99 是其丰度最高的离子，并且在先前的研究中被选作 TIBP 的母离子（Cristale 等，2013a）。然而在本研究中发现，当选用 m/z 99 作为 TPP 和 TIBP 的母离子后，其子离子的丰度很低；而选用丰度次高的 m/z 141 和 m/z 139 分别作为 TPP 和 TIBP 的母离子时，其子离子的丰度较高。15 种 OPEs 的母离子选择情况见表 2.1。

然后优化二级质谱参数以获得最高的灵敏度和最好的选择性，这些参数主要是母离子的隔离与激发和子离子的存储。在本实验中，选用 500 μg/L 的 OPEs 标准品（内标化合物的浓度为 200 μg/L）进行相关优化实验。为了获得最大的选择性，所有 OPEs 母离子的隔离窗选为 1 m/z。隔离时间和激发时间采用默认值，分别为 12 ms 和 15 ms。以二级质谱图中含有 5% ~ 10% 的母离子为标准，优化每个 OPEs 的共振激发电压，每个 OPEs 最优的共振激发电压见表 2.1。在最优的共振激发电压条件下，优化与子离子的碎裂产量和稳定性有关的"q"值。"q"值是离子阱二级质谱特有的参数，只有 0.225（低）、0.300（中）和 0.450（高）3 个值可供选择。为了最大化子离子的丰度，优化每个 OPEs 的"q"值，优化后的"q"值见表 2.1。通过对标准品连续进样，结果显示仪器方法的重复性较好，化合物保留时间的相对标准偏差小于 1%、峰面积的相对标准偏差小于 5%。

表 2.1　OPEs 的保留时间、母离子、子离子、"q"值、共振激发电压和相应的内标化合物

化合物	保留时间 (min)	母离子 (m/z)	子离子 (m/z)	"q"	共振激发电压 (V)	内标化合物
TEP	7.75	155	99, 127	0.30	0.75	TNBP–d_{27}
TPP	11.43	141	99, 125	0.30	0.60	TNBP–d_{27}
TIBP	13.07	139	99, 139	0.30	0.80	TNBP–d_{27}
TNBP–d_{27}	14.56	103	82, 83	0.45	1.85	—
TNBP	14.80	99	81, 99	0.45	1.50	TNBP–d_{27}
TCEP	17.12	249	125, 143, 187	0.30	1.05	TNBP–d_{27}
TCIPP	17.62	125	99, 125	0.30	1.15	TNBP–d_{27}
TDCPP	27.40	269	123, 159	0.30	0.90	TPHP–d_{15}
TBOEP	28.29	125	81, 99	0.45	1.25	TPHP–d_{15}
TPHP–d_{15}	28.47	341	223, 240, 243	0.45	1.80	—
TPHP	28.62	326	169, 215, 289	0.30	1.60	TPHP–d_{15}
EHDPP	28.78	251	152, 215, 233	0.30	1.50	TPHP–d_{15}
TEHP	28.90	99	81, 99	0.30	1.50	TPHP–d_{15}
TPPO	31.18	277	152, 199	0.30	1.70	TPHP–d_{15}
	33.74					
TMPP	34.53	368	197, 261, 331	0.30	1.45	TPHP–d_{15}
	35.35	368	197, 261, 331	0.30	1.45	TPHP–d_{15}

2.2　同时加速溶剂萃取与净化方法的选择与优化

为了降低人为操作的影响、节省样品前处理时间，我们考察了加速溶剂萃取的同时萃取与净化的能力。在进行方法优化的过程中，我们采用了自制的土壤加标样品。制备方法是将土壤样品先用正己烷:丙酮（1:1，V:V）的混合溶液洗涤，准确称量并加入 5 ng/g 的 13 种 OPEs 标准品，随后加入丙酮覆盖土壤样品，彻底搅拌后放置在通风橱中直到丙酮完全挥发。

基于先前的研究（Aragón 等，2012；Quintana 等，2007；Zheng 等，2014；Long 等，2017），最初的加速溶剂萃取条件为：萃取温度为 100 ℃，静态萃取时间为 10 min，冲洗

体积为 60% 池体积，氮气吹扫时间为 60 s，萃取循环次数为 2 次。在这个条件下，进行相关参数的优化。

首先，我们进行萃取溶剂与净化材料的匹配实验。在先前的研究中，正己烷:丙酮（1:1，V:V）、正己烷:二氯甲烷（1:1，V:V）、二氯甲烷、二氯甲烷:乙酸乙酯（1:1，V:V）、乙酸乙酯经常被用作 OPEs 的萃取溶剂，硅胶、中性氧化铝、弗罗里硅土、PSA、硅胶:中性氧化铝（1:1，W:W）经常被用作复杂样品中 OPEs 的净化材料（Garcia 等，2007；Peverly 等，2015；Wan 等，2016；Lu 等，2014；Liu 等，2016；Guo 等，2016）。因此，本研究选用这 5 种萃取溶剂和 5 种净化材料进行匹配实验，以获得好的萃取和净化效果。

在实验开始前，硅胶和中性氧化铝需在 200 ℃ 下活化 24 h，弗罗里硅土需在 400 ℃ 下活化 8 h，然后用 3%（W/W）的去离子水灭活；铜粉需用稀硝酸活化，然后用纯水和丙酮依次冲洗至中性，酸化铜粉被用来去除样品中可能存在硫干扰。此外，为了在萃取池中形成有效的净化层，酸化铜粉和净化材料的用量分别为 2 g 和 5 g。匹配实验的结果显示，当采用正己烷:二氯甲烷（1:1，V:V）或二氯甲烷作为萃取溶剂时，13 种 OPEs 的加标回收率均小于 50%。但是先前的研究表明正己烷:二氯甲烷（1:1，V:V）或二氯甲烷作为萃取溶剂时，都能取得较好的萃取效果（Aragón 等，2012；Lu 等，2014）。因此，我们仅加入加标土壤样品，不添加活化铜粉和净化材料，考察了正己烷:二氯甲烷（1:1，V:V）和二氯甲烷的效果。结果显示这两种萃取溶剂对大部分 OPEs 有较好的萃取效果，这表明从土壤中萃取出来的 OPEs 不能有效地从净化材料中洗脱出来。

表 2.2 列出了其他 3 种萃取溶剂〔正己烷:丙酮（1:1，V:V）、二氯甲烷:乙酸乙酯（1:1，V:V）、乙酸乙酯〕和 5 种净化材料的匹配实验结果。从表 2.2 可以看出，正己烷:丙酮（1:1，V:V）的萃取效果好于二氯甲烷:乙酸乙酯（1:1，V:V）和乙酸乙酯。当正己烷:丙酮（1:1，V:V）作为萃取溶剂，硅胶、中性氧化铝和弗罗里硅土作为净化材料时，大部分的 OPEs 具有相似的萃取效果。但是，当弗罗里硅土作为净化材料时，TCEP 和 TPPO 的加标回收率分别为 51.26% 和 66.08%；当中性氧化铝作为净化材料时，TPHP 的加标回收率仅为 60.00%；而当硅胶作为净化材料时，所有 13 种 OPEs 的加标回收率均大于 80%。所以本研究选用正己烷:丙酮（1:1，V:V）作为萃取溶剂、硅胶作为净化材料。

然后，本研究考察了萃取温度（60 ℃、80 ℃、100 ℃、120 ℃ 和 140 ℃）对萃取和净化效果的影响，结果如图 2.1 所示。当萃取温度为 100 ℃ 时，获得的萃取效果最好，所有 OPEs 的加标回收率位于 80% ~ 110% 之间。当萃取温度为 60 ℃ 和 80 ℃ 时，TEP 和 TPP 的回收率较低，低于 65%；当萃取温度增加到 120 ℃ 和 140 ℃ 时，萃取液的颜色加深，并且对 TCEP、TDCPP、TBOEP、EHDPP、TEHP、TPPO 和 TMPP 显示出严重的基质干扰，这些目标化合物的加标回收率增加至 128% ~ 198%。因此，本研究选择萃取温度为 100 ℃。

然后，本研究考察了静态萃取时间（5 min、10 min、15 min 和 20 min）对萃取和净化效果的影响。结果表明（图 2.2），当静态萃取时间为 5 min 时，大部分 OPEs 的加标回收率与 10 min 时相似，除了 TPPO 回收率较低，仅为 61.1%。当静态萃取时间增加至 15 min、20 min 时，OPEs 的萃取效果没有改善，而且 TEP 和 TPP 的加标回收率还降低了。因此，本研究选择静态萃取时间为 10 min。

最后，本研究考察了循环次数（1 次，2 次和 3 次）对萃取和净化效果的影响。结果表明（图 2.3），当循环次数为 1 次时，TEP 和 TPPO 的回收率较差，分别为 67.0% 和 67.6%，其他 OPEs 的加标回收率与循环次数为 2 次时相同。当循环次数增加到 3 次时，OPEs 的回收率没有显著增加。因此，本研究选择循环次数为 2 次。

最终得到的同时加速溶剂萃取与净化方法为：在 34 mL 不锈钢加速溶剂萃取池底部放置一张纤维素滤膜，准确称取 5.00 g 活化硅胶和 2.00 g 活化铜粉先后放置于萃取池中，然后在铜粉上覆盖一张纤维素滤膜，再准确称取 10.00 g 过 1 mm 筛的经真空冷冻干燥的土壤样品放置于萃取池中，然后再加入 20 ng 内标化合物，搅拌均匀，萃取池的剩余空间用硅藻土填满，然后进行加速溶剂萃取与净化；萃取溶剂为正己烷:丙酮（1:1，V:V），萃取压力为 1500 psi，萃取温度为 100 ℃，静态萃取时间为 10 min，冲洗体积为 60% 池体积，氮气吹扫时间为 60 s，萃取循环次数为 2 次；将收集的萃取液用柔和氮气吹扫至近干，100 μL 色谱纯正己烷定容。

2.3 分析方法的验证与评估

为了验证该分析方法，我们在最优的条件下考察了方法的背景污染、线性范围、方法检出限、方法定量限、低中高 3 个浓度下的方法回收率和精密度。所有验证参数列于表 2.3 中。

空白样品的分析结果显示该方法的背景污染很低，主要污染为 TEHP、TDCPP 和 TIBP，其浓度分别为（0.19 ± 0.11）ng/g、（0.18 ± 0.08）ng/g 和（0.15 ± 0.05）ng/g，低于方法的定量限。TCEP、TPPO、TPHP、TNBP 和 TCIPP 在空白样品中也有检出，但是其浓度均低于方法检出限。由于 TEHP 的变异较大，其污染可能有多种来源。TDCPP、TIBP、TCEP 和 TCIPP 主要来源于加速溶剂萃取仪中的塑料管，也有部分来源于丙酮和正己烷。其他的 OPEs 背景污染主要来源于丙酮和正己烷，即使采用的是色谱纯试剂。在分析样品时，注意扣减背景污染。

本方法采用内标法进行定量，内标化合物的浓度固定为 200 μg/L。13 种 OPEs 的线性范围和相关系数见表 2.3。x 轴为目标化合物的浓度，y 轴为目标化合物与相应的内标化合物的峰面积比值。

方法检出限的计算依据《美国环保局联邦法规法典》第 40 部分第 136 节附录 B 中的方法（USEPA，2013）。按照前述方法，萃取和检测 8 个加标浓度为 1 ng/g 的正己烷:丙酮（1:1，V:V）淋洗过的土壤样品，计算标准偏差。方法检出限为 3 倍的标准偏差，方法定量限为 10 倍的标准偏差。结果如表 2.3 所示，13 种 OPEs 的方法检出限为 0.10 ~ 0.22 ng/g，方法定量限为 0.33 ~ 0.72 ng/g。

表 2.2 3 种萃取溶剂和 5 种净化填料匹配实验的回收率

化合物	正己烷:丙酮 (1:1, V:V)					乙酸乙酯					二氯甲烷:乙酸乙酯 (1:1, V:V)				
	硅胶	中性氧化铝	弗罗里硅土	N-丙基乙二胺 (PSA)	硅胶/中性氧化铝 (1:1)	硅胶	中性氧化铝	弗罗里硅土	N-丙基乙二胺 (PSA)	硅胶/中性氧化铝 (1:1)	硅胶	中性氧化铝	弗罗里硅土	N-丙基乙二胺 (PSA)	硅胶/中性氧化铝 (1:1)
TEP	85.64	85.79	81.84	68.20	79.74	54.94	61.64	50.77	59.53	52.03	72.24	60.69	57.65	57.39	57.56
TPP	87.98	92.78	85.19	60.62	77.79	64.28	61.97	60.16	73.07	51.95	67.17	75.60	56.21	61.07	64.54
TIBP	91.53	78.41	71.11	57.24	69.82	66.12	50.36	53.58	74.08	41.25	74.99	77.07	53.27	53.06	55.94
TNBP	93.28	98.14	82.06	80.15	81.35	67.80	57.94	67.47	78.15	50.55	74.35	78.62	55.85	60.64	62.39
TCEP	92.47	103.61	51.26	76.70	92.50	37.03	59.86	72.95	63.86	37.48	57.51	69.97	44.75	43.83	37.15
TCIPP	97.29	107.26	92.73	83.72	89.46	71.45	68.32	76.04	82.63	60.40	73.18	84.90	61.60	61.25	63.20
TDCPP	86.38	109.02	112.55	101.78	92.87	76.07	80.33	101.54	119.71	75.77	70.22	95.57	77.26	77.37	75.66
TBOEP	87.68	78.21	101.88	86.65	72.55	67.75	46.99	76.10	90.58	43.48	72.39	60.48	60.45	56.43	53.04
TPHP	95.20	60.00	93.87	86.45	65.38	71.98	50.14	71.91	84.33	55.83	70.92	55.96	65.12	60.54	60.81
EHDPP	90.21	100.37	83.44	67.35	69.52	48.66	39.49	50.36	60.08	31.30	52.13	63.55	44.43	41.04	42.42
TEHP	83.67	83.72	100.96	70.57	64.71	54.31	44.13	50.24	69.49	21.05	64.82	64.91	55.56	52.74	47.47
TPPO	92.86	109.99	66.08	76.29	86.89	51.37	48.53	51.83	58.22	47.40	50.71	49.47	49.57	47.57	47.26
TMPP	101.91	75.05	95.27	83.51	68.08	65.26	45.83	74.52	82.63	42.63	69.40	57.61	61.01	52.61	54.15

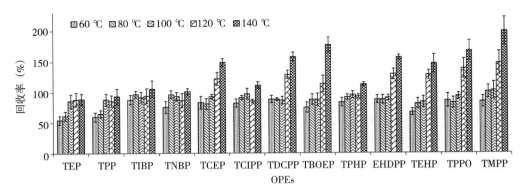

图 2.1　不同萃取温度下 OPEs 的回收率

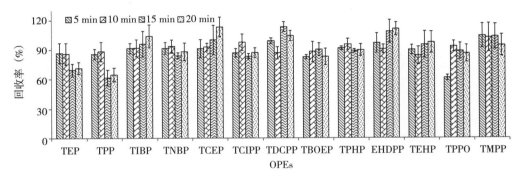

图 2.2　不同静态萃取时间下 OPEs 的回收率

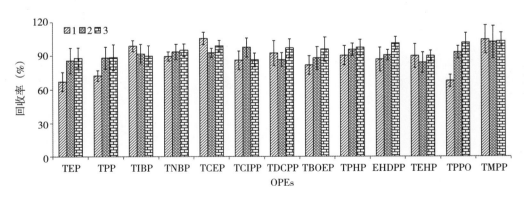

图 2.3　不同循环次数下 OPEs 的回收率

表 2.3 13 种 OPEs 的线性范围、相关系数、方法检出限、方法定量限、回收率和精密度

化合物	线性范围 (μg/L)	相关系数	方法检出限 (ng/g)	方法定量限 (ng/g)	1 ng/g (n=7)		5 ng/g (n=7)			10 ng/g (n=7)	
					回收率 (%)	日内精密度 (%)	回收率 (%)	日内精密度 (%)	日间精密度 (%)	回收率 (%)	日内精密度 (%)
TEP	10~1000	0.9967	0.12	0.40	82.05	4.19	89.77	9.52	9.45	93.01	11.07
TPP	10~1000	0.9991	0.11	0.37	81.71	3.58	84.82	9.21	11.67	91.03	5.58
TIBP	10~1000	0.9998	0.14	0.45	85.42	3.43	94.51	6.44	8.33	102.42	1.69
TNBP	10~1000	0.9939	0.10	0.33	92.37	2.76	95.80	5.85	8.93	94.09	4.66
TCEP	50~5000	0.9904	0.22	0.72	96.51	6.32	106.91	9.87	8.18	94.46	11.56
TCIPP	10~1000	0.9957	0.11	0.38	93.34	3.37	92.99	2.69	6.46	95.32	5.10
TDCPP	10~1000	0.9959	0.16	0.52	88.78	3.76	99.76	6.03	10.20	102.21	4.54
TBOEP	10~1000	0.9905	0.13	0.44	92.68	3.35	89.72	1.65	6.59	93.16	1.12
TPHP	10~1000	0.9935	0.13	0.44	103.69	4.02	94.59	3.99	7.07	86.32	5.59
EHDPP	10~1000	0.9913	0.12	0.40	91.76	3.01	99.42	2.51	7.22	105.47	8.37
TEHP	50~5000	0.9944	0.20	0.66	101.11	6.32	85.23	10.71	10.14	97.01	7.05
TPPO	10~1000	0.9909	0.12	0.42	104.42	3.73	100.38	9.35	10.26	96.68	7.94
TMPP	50~5000	0.9965	0.21	0.72	93.78	5.58	103.49	2.08	5.13	98.87	9.25

在土壤样品中分别添加一定浓度的 13 种 OPEs 混合标准品，使添加水平分别为 1 ng/g，5 ng/g 和 10 ng/g，每个添加水平平行测定 7 次，计算回收率和相对标准偏差。结果如表 2.3 所示，13 种 OPEs 的回收率为 81.7% ~ 104%（1 ng/g）、84.8% ~ 107%（5 ng/g）、86.3% ~ 105%（10 ng/g），日内和日间的相对标准偏差小于 12%。

2.4　实际土壤样品的分析

采用本方法对分别采集于辽河口滩涂、翅碱蓬和芦苇湿地土壤样品进行了分析，结果显示 13 种 OPEs 在 3 个土壤样品中均有检出。滩涂土壤样品中 TEP、TPP、TIBP、TNBP、TCEP、TCIPP、TDCPP、TBOEP、TPHP、EHDPP、TEHP、TPPO 和 TMPP 的浓度分别为 (0.50 ± 0.03) ng/g、(0.84 ± 0.01) ng/g、(2.23 ± 0.21) ng/g、(1.67 ± 0.05) ng/g、(1.63 ± 0.13) ng/g、(2.25 ± 0.11) ng/g、(1.24 ± 0.13) ng/g、(3.83 ± 0.26) ng/g、(1.07 ± 0.07) ng/g、(2.28 ± 0.15) ng/g、(5.88 ± 0.28) ng/g、(2.65 ± 0.10) ng/g、(6.81 ± 0.40) ng/g，翅碱蓬土壤样品中 TEP、TPP、TIBP、TNBP、TCEP、TCIPP、TDCPP、TBOEP、TPHP、EHDPP、TEHP、TPPO 和 TMPP 的浓度分别为 (0.46 ± 0.03) ng/g、(0.71 ± 0.02) ng/g、(3.10 ± 0.24) ng/g、(2.01 ± 0.13) ng/g、(1.39 ± 0.01) ng/g、(2.47 ± 0.05) ng/g、(1.25 ± 0.06) ng/g、(6.47 ± 0.38) ng/g、(0.67 ± 0.01) ng/g、(2.24 ± 0.15) ng/g、(2.35 ± 0.07) ng/g、(2.76 ± 0.04) ng/g、(6.88 ± 0.11) ng/g，芦苇湿地土壤中 TEP、TPP、TIBP、TNBP、TCEP、TCIPP、TDCPP、TBOEP、TPHP、EHDPP、TEHP、TPPO 和 TMPP 的浓度分别为 (0.33 ± 0.02) ng/g、(0.79 ± 0.03) ng/g、(4.84 ± 0.41) ng/g、(2.17 ± 0.19) ng/g、(1.36 ± 0.11) ng/g、(3.49 ± 0.23) ng/g、(1.08 ± 0.11) ng/g、(2.15 ± 0.14) ng/g、(2.46 ± 0.12) ng/g、(1.40 ± 0.15) ng/g、(1.76 ± 0.18) ng/g、(2.21 ± 0.23) ng/g、(6.63 ± 0.44) ng/g。

2.5　与其他分析方法的比较

目前，已有一系列的关于土壤、沉积物、底泥和灰尘等固体样品中 OPEs 的前处理方法，包括索式萃取（Wan 等，2016；Lu 等，2014）、超声萃取（Liu 等 2016；Chu 等，2015）、微波辅助萃取（Garcia 等，2007；Ma 等，2013b）和加速溶剂萃取（Aragón 等，2012；Zheng 等，2014；Saini 等，2016）。索式萃取对 OPEs 有较好的萃取效果，加标回收率位于 67.9% ~ 117%（Lu 等，2014），但是需要花费大量的时间，如 12 h（Wan 等，2016），甚至更长的 72 h（Lu 等，2014）。超声萃取是经常使用的一种前处理方法，但是它是一个费时费力的方法，它需要离心和重复 2 次以上（Fan 等，2014）。微波辅助萃取和加速溶剂萃取都是较好的前处理方法，操作简单并且节省溶剂，加标回收率也都在 85%以上（Garcia 等，2007；Aragón 等，2012）。但是在以前的研究中，采用这 4 种方法萃取 OPEs 后都需要进行净化，固相萃取和固相微萃取是最常用的净化方法，也都有较好的净化效果。但是与同时萃取和净化相比，单独净化需要花费更长的时间，此外固相萃取还需要消耗更多的有机溶剂。因此，与已有方法相比，本研究的方法简单、节省溶剂和时间，具有明显的经济性。并且该方法获得较好的加标回收率（81.7%～107%），与已有的方法相同（Garcia 等，2007；Aragón 等，2012）。此外，该方法也有较低的方法检出限（0.10～0.22 ng/g），与已有的方法大致相同，如灰尘中 OPEs 的方法检出限（0.03～0.43 ng/g）（Fan 等，2014）、鸡蛋中 OPEs 的方法检出限（0.06～0.29 ng/g）（Chu 等，2015）、土壤中 OPEs 的方法检出限（0.03～0.72 ng/g）（Cui 等，2017）。

2.6　结论

本章建立了一种可靠、简便的基于加速溶剂萃取仪和气相色谱 – 离子阱二级质谱的检测土壤中 13 种有机磷酸酯阻燃剂 / 增塑剂的分析方法。在最优的条件下，该方法的回收率为 81.7%～107%，相对标准偏差小于 12%，方法检出限为 0.10～0.22 ng/g，方法定量限为 0.33～0.72 ng/g。

3 水中有机磷酸酯的固相微萃取分析方法

3.1 固相微萃取条件的选择与优化

已有研究结果表明，样品基质对 OPEs 的固相微萃取效果有较大影响（Rodríguez 等，2006；Tsao 等，2011；Gao 等，2014）。因此，本研究以实际样品开展 OPEs 的固相微萃取条件优化。通过向采集的沈阳市北运河水样中加入一定浓度的 13 种 OPEs 标准品，以目标化合物的峰面积为标准，优化溶液 pH、离子强度、助溶剂、萃取时间、萃取温度、搅拌速度等固相微萃取参数。

3.1.1 溶液 pH

Tsao 等（2011）在研究中指出样品溶液的 pH 对萃取效率有较显著影响，而 Rodríguez 等（2006）的研究未对样品溶液的 pH 进行调整。因此，本研究首先考察样品溶液 pH 对水体中 OPEs 的固相微萃取效果的影响。分别用盐酸调整样品溶液的 pH 为 2、3、4、5、6、7，实验结果如图 3.1 所示。从图中可以看出，样品溶液的 pH 对不同 OPEs 的固相微萃取效果有着不同的影响，但总的来说，当 pH 为 4 时 13 种 OPEs 的萃取效果均较好。因此，样品溶液的 pH 选择为 4。

3.1.2 离子强度

向液体样品中加入无机盐可增加溶液离子强度，降低有机物的溶解度，能使纤维涂层吸附更多的分析组分，提高萃取效率（Buchholz 等，1993）。但是在无机盐的添加浓度上，Rodríguez 等（2006）与 Tsao 等（2011）的研究存在着较大差异，这种差异是否导致了最终萃取效果的差异还不得而知。因此，本研究分别向样品溶液中加入不同浓度的 NaCl（0、10%、20%、25%、30%，30% 是 NaCl 在水中的饱和溶解度）。实验结果表明，在加入少量的 NaCl（10%）时，13 种 OPEs 的萃取效果均有不同程度的提高，但随着 NaCl 浓度的进一步增加，不同 OPEs 的萃取效果表现出了不同的变化趋势。总的来说，当 NaCl 浓度为 25% 时，13 种 OPEs 的萃取效果均较好。因此，样品溶液的盐浓度选择为 25%。

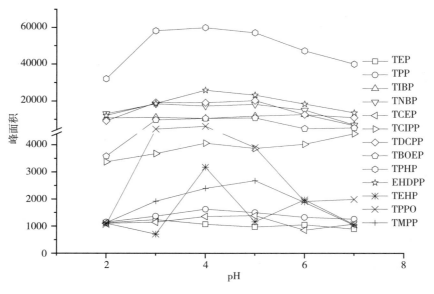

图 3.1　不同 pH 条件下 OPEs 的萃取效果

3.1.3　助溶剂

Gao 等（2014）采用与 Rodríguez 等（2006）相同的固相微萃取方法，仅是鱼样品提取液中含有乙腈，使得包括 TEHP 在内的 8 种 OPEs 均有较好的萃取效果。苏冠勇等（2013）研究指出甲醇的加入能够明显提高水中多溴联苯醚的固相微萃取效率。因此，本研究分别向样品溶液中加入一定体积（5%）的乙腈、甲醇。实验结果表明，加入助溶剂后，13 种 OPEs 的萃取效果均有较显著的提升，但对于大多数 OPEs 来说，乙腈的效果要好于甲醇。本研究进一步考察了乙腈的加入体积，当乙腈的加入体积从 5% 增加到 10% 时，13 种 OPEs 的萃取效果均变差，可能原因是过量的乙腈与 OPEs 竞争固相微萃取纤维上的吸附点位。因此，本研究选择向样品溶液中加入 5% 的乙腈。

3.1.4　萃取时间

固相微萃取技术的原理是分析物在样品和涂层之间达到分配平衡，选择一个最优的萃取时间可以提高分析方法的灵敏度和重现性。因此，本研究分别选择 10 min、20 min、30 min、40 min、50 min、60 min 的萃取时间。实验结果表明，随着萃取时间的增加，13 种 OPEs 的萃取效果均有较显著提高，但当萃取时间增加到 50 min 时，萃取已基本达到平衡。因此，本研究选择萃取时间为 50 min。

3.1.5 萃取温度

在固相微萃取过程中，分配系数 kfs 受萃取温度的影响。随着样品温度的升高，分子的运动速度加快，分析物在溶液中的扩散速度提高，能够减少萃取涂层相与水相之间的平衡时间，提高样品的分析速度；但是萃取涂层的吸附是一个放热过程，温度过高会使分配系数 kfs 下降，导致萃取涂层的吸附能力降低。此外，长时间处于过高的温度下，会降低涂层的使用寿命。因此，本研究考察了不同萃取温度（25 ℃、35 ℃、40 ℃、45 ℃）下 OPEs 的萃取效果。实验结果表明，在萃取温度较低时，增加萃取温度可明显提高 OPEs 的萃取效果，但当萃取温度从 40 ℃增加到 45 ℃时，部分 OPEs 的萃取效果变差。此外，当萃取温度为 45 ℃时，萃取过程中能明显地看到盐在固相微萃取针顶部析出，并且在 GC 进样时有明显阻力。因此，为了保护固相微萃取纤维、增加固相微萃取纤维的使用寿命，本研究选择萃取温度为 40 ℃。

3.1.6 搅拌速度

提高搅拌速度可以加快待测物的扩散速度，从而缩短萃取的平衡时间；但是，过高的搅拌速度使得磁子搅拌不均匀，影响萃取的重现性。因此，本研究分别采用 150 r/min、300 r/min、450 r/min、600 r/min、800 r/min、1000 r/min 等相对较低的搅拌速度。实验结果表明，随着搅拌速度的增加，13 种 OPEs 的萃取效果均有不同程度的提高，但当搅拌速度增加到 600 r/min 时，13 种 OPEs 基本达到萃取平衡，增加搅拌速度并没有显著提高 OPEs 的萃取效果。因此，本研究选择搅拌速度为 600 r/min。

最终得到的固相微萃取条件为：准确量取 15 mL 水样置于 20 mL 棕色安培瓶中；用盐酸调节水样 pH 为 4、加入 3.75 g NaCl 和 0.75 mL 乙腈，将 65 μm PDMS–DVB 涂层的固相微萃取探针插入水样中，在 40 ℃下以 600 r/min 搅拌萃取 50 min；萃取完成后用去离子水清洗纤维萃取端，风干后立即插入气相色谱进样口于 250 ℃下解析 6 min，进行检测。

3.2　分析方法的验证与评估

用超纯水配制 5 个不同加标浓度的样品溶液来建立标准曲线，在最优的固相微萃取条件下，考察所建立方法的线性范围、精密度等参数。如表 3.1 所示，该方法具有较宽的线性范围，线性相关系数在 0.9927 ~ 0.9996 之间。通过逐渐稀释标准溶液，分别以 3 倍和 10 倍的信噪比确定方法的检出限（LOD）和定量限（LOQ）为 1.1 ~ 27.3 ng/L 和 3.7 ~ 90.1 ng/L。通过 1 d 内连续 6 次重复测定同一混合标准溶液得到日内精密度为 3.2% ~ 14.7%，通过连续 6 d 重复测定同一混合标准溶液得到日间精密度为 3.8% ~ 13.2%。图 3.2 为超纯水配制的标准溶液样品经固相微萃取后的 GC–MS/MS 色谱图。

表 3.1　方法的线性范围、相关系数、检出限、定量限和精密度

化合物	线性范围 (ng/L)	相关系数	检出限 (ng/L)	定量限 (ng/L)	精密度 (n=6, %) [a]	
					日内	日间
TEP	100 ~ 50000	0.9937	27.3	90.1	8.4	9.6
TPP	10 ~ 5000	0.9961	2.8	9.3	3.2	3.8
TIBP	10 ~ 5000	0.9962	1.1	3.7	11.9	13.7
TNBP	10 ~ 5000	0.9996	1.9	6.3	8.5	7.5
TCEP	100 ~ 50000	0.9944	21.4	71.3	6.4	5.9
TCIPP	10 ~ 5000	0.9981	3.1	10.3	12.6	10.8
TDCPP	10 ~ 5000	0.9927	2.2	7.3	8.7	9.9
TPHP	10 ~ 5000	0.9941	1.4	4.7	14.7	13.2
TBOEP	10 ~ 5000	0.9986	2.6	8.7	5.8	6.6
EHDPP	10 ~ 5000	0.9956	2.4	7.9	13.4	11.7
TEHP	100 ~ 50000	0.9929	23.5	78.3	7.3	8.5
TPPO	10 ~ 5000	0.9964	2.9	9.7	4.6	5.3
TMPP	100 ~ 50000	0.9959	10.5	35.1	7.9	6.8

a：Spiked concentration：1 μg/L TPP、TIBP、TNBP、TCIPP、TDCPP、TPHP、TBOEP、EHDPP、TPPO 和 10 μg/L TEP、TCEP、TEHP、TMPP。

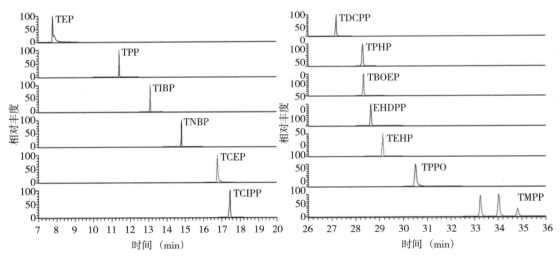

图 3.2　加标超纯水样品的 GC–MS/MS 色谱图

3.3 实际水样的分析

采用所建立的方法分析了沈阳市北运河河水，并对该水样进行了加标回收实验。实验结果如表 3.2 所示，沈阳市北运河河水中仅检出 TIBP、TNBP、TCIPP、TDCPP 和 TPPO 5 种 OPEs，浓度分别为 45.9 ng/L、32.1 ng/L、68.7 ng/L、14.8 ng/L 和 92.5 ng/L，该水样的 GC–MS/MS 色谱图如图 3.3 所示。水样的加标回收率为 68.2% ~ 90.3%，相对标准偏差为 6.3% ~ 10.5%，方法的准确度和精密度均较好，可用于实际样品的分析。

表 3.2 实际水样中 13 种 OPEs 的浓度、回收率和精密度				
化合物	浓度 （ng/L）	加标浓度 （ng/L）	回收率 （%）	精密度 （%，n=3）
TEP	ND	1000	68.2	8.5
TPP	ND	100	83.5	6.7
TIBP	45.9 ± 5.2	100	88.6	8.9
TNBP	32.1 ± 2.9	100	90.3	6.3
TCEP	ND	1000	74.2	7.4
TCIPP	68.7 ± 5.4	100	81.5	9.3
TDCPP	14.8 ± 1.7	100	82.4	6.8
TPHP	ND	100	92.1	11.2
TBOEP	ND	100	84.7	7.5
EHDPP	ND	100	86.8	10.5
TEHP	ND	1000	70.4	8.8
TPPO	92.5 ± 8.3	100	86.3	8.6
TMPP	ND	1000	85.4	9.1

ND：未检出。

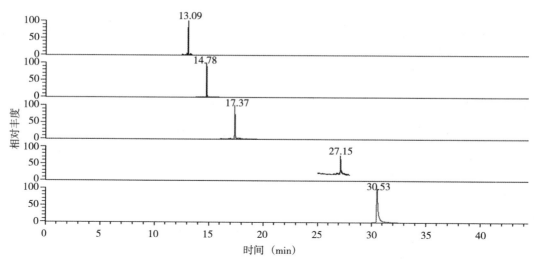

图 3.3　实际水样的 GC–MS/MS 色谱图

3.4　与其他分析方法的比较

　　近年来，关于水体中 OPEs 的检测方法已有较多文献报道，表 3.3 是部分文献报道中分析方法的一些参数。从表中可以看出，本方法与文献报道的方法有大致相当的精密度，检出限要低于部分方法，回收率要高于部分方法，检测的 OPEs 个数要多于所列方法。特别是对于采用 PDMS–DVB 纤维的固相微萃取方法，本方法通过对相关参数的优化，13 种OPEs 均有较好的回收率和较低的检出限。此外，本方法采用二级质谱扫描，能够很好地从复杂基质中对目标化合物进行定性，减少了分析过程中的假阳性。本文所建立的方法结合了高效、简便的 SPME 前处理技术和灵敏、精确的 GC–MS/MS 仪器方法，具有检出限低、准确度高、精确度好的优点，能够有效地检测水体中的 OPEs。

表 3.3　分析方法的比较

方法	检出限 （ng/L）	回收率 （%）	精密度 （%）	OPEs 数量	参考文献
液液萃取 – 液相色谱串联质谱法（LLE–LC–MS/MS）	2.6 ~ 7.9 （定量限）	63 ~ 94	≤ 6	9	Martínez – Carballo 等，2007
固相萃取 – 气相色谱质谱法（SPE–GC–MS）	1.1 ~ 4.1 （定量限）	73 ~ 112	1.2 ~ 12.9	6	秦宏兵 等，2014
固相微萃取 – 气相色谱法	10 ~ 25 （定量限）	26.7 ~ 119.2	≤ 10	9	Rodríguez 等，2006

方法	检出限 (ng/L)	回收率 (%)	精密度 (%)	OPEs 数量	参考文献
顶空固相微萃取－ 气相色谱质谱法	0.2 ~ 1.5	86 ~ 106	≤ 15	2	Tsao 等，2011
固相微萃取－气 相色谱法	1.4 ~ 135.6	80.5 ~ 112.4	≤ 9.9	9	金婷婷，2016
固相微萃取－气 相色谱法	0.7 ~ 11.6	73.2 ~ 101.8	≤ 10.9	8	高占啟，2013
液液微萃取－气 相色谱质谱法	2.6 ~ 120	24 ~ 132	2.1 ~ 10.4	9	Wang 等，2014b
固相微萃取－气 相色谱串联质 谱法	1.1 ~ 27.3	68.2 ~ 90.3	3.2 ~ 14.7	13	本文

3.5　结论

本章建立了固相微萃取、气相色谱－离子阱二级质谱检测水中的 13 种有机磷酸酯阻燃剂／增塑剂的分析方法。实验优化了以 PDMS–DVB 涂层为萃取纤维的固相微萃取方法，优化后的条件为：pH 调整为 4，NaCl 浓度为 25%，助溶剂为 5% 乙腈，萃取时间为 50 min，萃取温度为 40 ℃，搅拌速度为 600 r/min。该方法具有较宽的线性范围，相关系数大于 0.9927，方法的检出限为 1.1 ~ 27.3 ng/L，定量限为 3.7 ~ 90.1 ng/L，实际水样的加标回收率为 68.2% ~ 90.3%，相对标准偏差小于 15%。该方法前处理简单、基本不使用有机溶剂，可用于水体中有机磷酸酯阻燃剂／增塑剂的快速、准确检测。

4　水中有机磷酸酯的液液微萃取分析方法

4.1　超高效液相色谱串联质谱条件的选择

采用 UHPLC 系统（Ultimate 3000, Termo Scientifc, USA） 和三重四极杆质谱仪（TSQ Endura, Termo Scientific, USA） 分析 OPEs。色谱柱为 Hypersil GOLD C18 柱（2.1 mm × 100 mm, 1.9 μm），色谱柱温度为 40 ℃。色谱流动相 A 为 0.1% 甲酸水溶液，B相为甲醇，流速为 0.3 mL/min。梯度洗脱程序设置如下：0.7 min，40% B；5 min，40% B；14.5 min，90% B；20.5 min，90% B；20.6 min，40% B；23.5 min，40% B。选择电喷雾电离方式，在正离子模式下运行。峰宽分辨率为 0.7 m/z，喷雾电压为 3500 V，鞘气压力为 30 任意单位（Arb），辅助气体压力为 7 Arb，离子传输管温度为 350 ℃，汽化温度为 300 ℃，碰撞诱导解离气体压力为 2 mTorr。采用多反应监测模式（MRM），参数见表 4.1。

表 4.1　UHPLC-MS/MS 的检测参数

化合物	保留时间（min）	离子对	碰撞电压（V）
TEP	2.95	183.275 → 99.000[a]	17.99
		183.275 → 127.000	10.25
		183.275 → 155.000	10.25
TCEP	4.86	284.912 → 222.835[a]	12.28
		284.912 → 99.000	22.84
		284.912 → 160.889	15.21
TPPO	8.52	279.005 → 200.946[a]	25.78
		279.005 → 172.929	33.11
		279.005 → 171.018	37.46
TPP	8.90	225.355 → 99.000[a]	17.74

续表

化合物	保留时间（min）	离子对	碰撞电压（V）
		225.355 → 141.000	10.25
		225.355 → 183.000	10.25
TCIPP	8.97	326.950 → 99.000[a]	22.13
		326.950 → 174.889	11.72
		326.950 → 250.8.5	10.25
TDCPP	10.29	432.862 → 99.002[a]	25.67
		432.862 → 320.764	10.25
		432.862 → 322.706	10.25
TPHP	10.35	327.005 → 152.000[a]	37.2
		327.005 → 214.875	25.98
		327.005 → 250.857	26.23
TIBP	10.99	267.085 → 99.000[a]	17.53
		267.085 → 154.946	10.25
		267.085 → 211.000	10.25
TNBP–d$_{27}$	11.00	294.250 → 101.986[a]	19.86
		294.250 → 230.040	10.25
		294.250 → 166.000	10.25
TNBP	11.11	267.085 → 99.000[a]	17.74
		267.085 → 154.929	10.25
		267.085 → 211.000	10.25
TBOEP	11.45	399.145 → 299.000[a]	11.92
		399.145 → 198.946	14.9
		399.145 → 45.373	21.33
TMPP	12.03	369.035 → 164.986[a]	44.13
		369.035 → 165.982	29.31
		369.035 → 243.250	27.39
EHDPP	12.52	363.075 → 250.889[a]	10.25
		363.075 → 151.986	41.15
		363.075 → 214.889	31.79

化合物	保留时间（min）	离子对	碰撞电压（V）
TEHP	16.53	435.268 → 99.000[a]	17.03
		435.268 → 210.929	10.25
		435.268 → 323.040	10.25

a：定量离子。

4.2　溶剂去乳化 – 悬浮固化分散液液微萃取条件的选择与优化

研究了影响萃取性能的各种因素，包括萃取剂、分散剂和去乳化剂的种类和体积、萃取时间和样品的 pH，以获得合适的萃取效率。离子强度也能够影响萃取效率，但传输线上沉积的盐分会影响 UHPLC–MS/MS 的分析结果；适宜的萃取温度也可以提高萃取效率，但由于分散液液微萃取（DLLME）的萃取时间较短，萃取温度难以准确控制。因此，本研究未对离子强度和萃取温度进行研究。

在溶剂去乳化 – 悬浮固化分散液液微萃取（SD–DLLME–SFO）中，萃取溶剂是影响萃取效率的首要因素。它需要具备以下特点：密度比水低，熔点接近室温，水中溶解度低，对分析物的提取能力强。因此，本研究分别选用了 1– 十一醇、1– 十二醇、正十六烷、正壬酸和正辛酸作为萃取溶剂，其萃取效率如图 4.1 所示。对大多数 OPEs 来说，5种萃取溶剂的萃取效率差异不大。但正十六烷对 TPPO、TPP 和 TCIPP 的萃取效率明显低于其他 4 种萃取溶剂，而 1– 十一醇对 TEP 和 TCEP 的萃取效率要优于其他 4 种萃取溶剂，这可能是由于 TEP 和 TCEP 能有效地从水中转移到 1– 十一醇中。因此，本研究选择 1–十一醇作为萃取溶剂。

萃取剂的体积也影响着目标化合物的萃取效率。少量的萃取剂不能有效地萃取目标化合物，而大量的萃取剂虽能增加萃取量，但会影响目标物的富集。此外，适当的萃取剂与分散剂的体积比有利于形成细小的云雾状微滴分散体。本研究考察了 25 ~ 125 μL 1– 十一醇对萃取效率的影响，结果如图 4.2 所示。从图 4.2 中可以看出，萃取效率首先随着萃取剂体积的增加而提高，当萃取剂体积增加到 75 μL 时，萃取效率最好。但是当萃取剂体积进一步增加时，萃取效率却开始下降，其原因可能是由于大量的萃取溶剂虽然提取了较多的目标物，但降低了目标物在最终提取液中的浓度。因此，本研究采用 75 μL 的 1–十一醇。

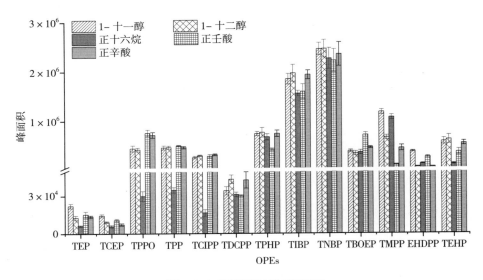

图 4.1　不同萃取溶剂的萃取效率

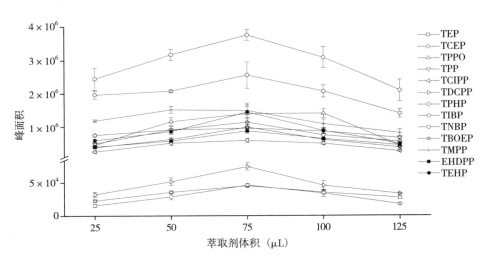

图 4.2　不同萃取剂体积的萃取效率

在 SD–DLLME–SFO 中，分散剂应在萃取剂和水相中均具有良好的溶解度，以促进萃取剂微滴的形成。在本研究中，分别选用甲醇、乙腈和丙酮作为分散剂，其效果如图 4.3 所示。3 种分散剂对大多数 OPEs 的萃取效率差异不大。但是，甲醇对 TEP 和 TPP 的萃取效果明显低于乙腈和丙酮；乙腈对 TCEP 和 TDCPP 的萃取效果比甲醇和丙酮好，其原因可能是乙腈能促进 1–十一醇在水中的分散，增加 1–十一醇与 OPEs 的接触，促进 OPEs 从水相向有机相转移。因此，本研究选择乙腈作为分散剂。

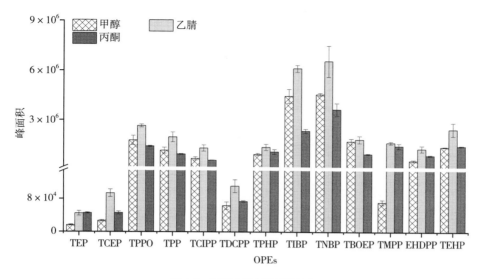

图 4.3　不同分散剂的萃取效率

分散剂的体积对 SD–DLLME–SFO 也有很大影响。少量的分散剂很难形成萃取剂微滴，而过量的分散剂会增加萃取剂在水样中的溶解度，降低萃取效率。本研究考察了 500 ~ 1500 μL 乙腈对萃取效果的影响，结果如图 4.4 所示。SD–DLLME–SFO 对 OPEs 的萃取效率随着分散剂体积的增大而提高，当分散剂体积增加到 1000 μL 时，提取效率最好。但是当萃取体积进一步增大时，萃取效率开始下降，原因可能是适量的分散剂可以促进萃取剂的分散，形成许多微滴，提高萃取效率，但过量的分散剂会导致萃取剂在水样中溶解，降低萃取效率。因此，分散剂的用量应适当，本研究采用 1000 μL 乙腈。

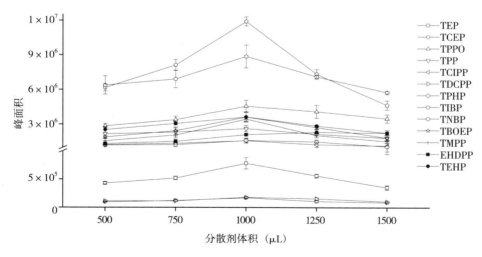

图 4.4　不同分散剂体积的萃取效率

样品的 pH 也可以影响水样中分析物的溶解度。大多数三酯是稳定的中性和酸性介质，但可以在碱性介质水解（Van der Veen 等，2012；Reemtsma 等，2008）。因此，本研究考察了 pH 在 2～7 范围内对萃取效果的影响，结果如图 4.5 所示。当水样的 pH 从 2 调整为 3 时，大多数 OPEs 的萃取效率有明显的提高；当 pH 为 3、4 或 5 时，萃取效率间的差异较小；当 pH 调整到 6 时，提取效率升高；但当 pH 上升到 7 时，提取效率又下降了。其原因可能是在弱酸性条件下，OPEs 在有机溶剂中的溶解度增加。因此，本研究选择将水样的 pH 调整为 6。

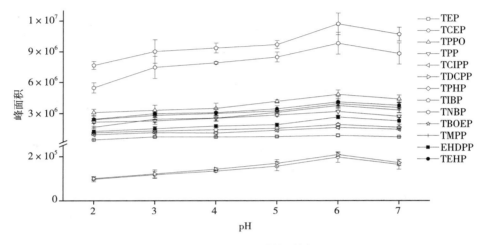

图 4.5　不同 pH 的萃取效率

SD–DLLME–SFO 是一种省时的样品前处理方法，可以快速实现水样和萃取剂中分析物的萃取平衡。本研究考察了萃取时间在 1～5 min 范围内对萃取效果的影响，结果如图 4.6 所示。当萃取时间从 1 min 增加到 3 min 时，萃取效率有明显提高；但是，当进一步延长萃取时间时，萃取效率仅有轻微变化。这种情况表明，当萃取时间为 3 min 时，已达到萃取平衡。因此，本研究将萃取时间设定为 3 min。

在 SD–DLLME–SFO 中，使用破乳剂来打破乳化体系，加速有机相和水相的分离。本研究分别考察了甲醇、乙腈和丙酮作为破乳剂的去乳化效果，结果如图 4.7 所示。3 种破乳剂对萃取效果的影响相差不大。丙酮作为破乳剂时的萃取效率相对好于其他 2 种破乳剂，其原因可能是甲醇和乙腈增加了 OPEs 在水中的溶解度。因此，本研究选择丙酮作为破乳剂。

破乳剂的用量对 SD–DLLME–SFO 也有很大影响。一方面，当破乳剂用量不足时，破乳效果差，这会导致萃取剂回收率低，降低萃取效率；另一方面，破乳剂用量过大，具有分散剂的作用，增加了分析物在水相中的溶解度，降低了萃取效率。本研究在 500～1500 μL

范围内考察了丙酮的用量。当破乳剂体积从 500 µL 增加到 750 µL 时，萃取效率有明显提高；但是当进一步增加破乳剂体积时，萃取效率有所下降（图 4.8），其原因可能是过量的破乳剂会增加萃取剂和被分析物在水相中的溶解度。特别是当破乳剂体积为 1500 µL 时，破乳效果较差，导致能够收集的萃取剂较少。因此，本研究采用 750 µL 丙酮作为破乳剂。

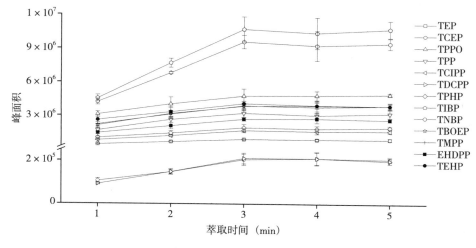

图 4.6　不同萃取时间的萃取效率

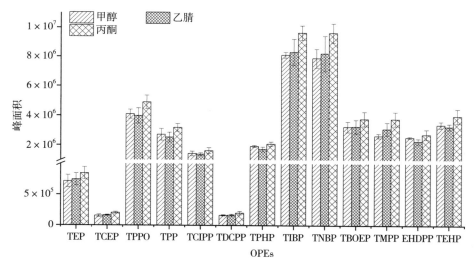

图 4.7　不同破乳剂的萃取效率

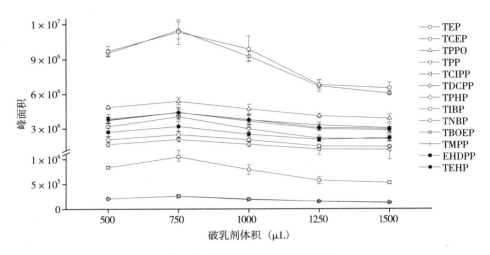

图 4.8　不同破乳剂体积的萃取效率

经过上述优化，最终得到的 SD-DLLME-SFO 程序为：将 10 mL 过滤的水样倒入玻璃管中，加入 1 mol/L HCl 调节其 pH 至 6.0，然后将 10 μL TNBP-d$_{27}$（1 mg/L）作为替代物加到水样中。混合后，用注射器将乙腈（1000 μL）和 1- 十一醇（75 μL）的混合物迅速注入水样中。然后，在环境温度下萃取样品 3 min。萃取结束后，向水样中注入 750 μL 丙酮作为破乳剂，使有机溶剂和水样分离。然后，将玻璃管转移至冰浴中冷却 5 min，待萃取剂凝固后将其转移到 EP 管中，然后用 100 μL 甲醇重新溶解。

4.3　分析方法的验证与评估

在最合适的实验条件下，制备一系列含有不同浓度分析物的水样，并对每种浓度的水样进行 3 次提取。绘制了工作曲线，见表 4.2。结果表明，在一定浓度范围内，分析物的线性关系较好，相关系数（R）在 0.9901 ~ 0.9998 之间。通过不断稀释水样中分析物的浓度，检测限［LOD，信噪比（S/N）=3］和定量限（LOQ，S/N=10）分别为 0.16 ~ 20.0 ng/L 和 0.55 ~ 66.7 ng/L。通过对加标水样（加标浓度为 1 μg/L）进行 7 次重复测定，确定了其精密度（相对标准偏差，RSD）和富集因子（EF）。日内和日间的 RSD 均小于 15%，EF 值范围为 30 ~ 46。图 4.9 显示了加标水样（加标浓度为 1 μg/L）的 13 种 OPEs 的 UHPLC-MS/MS 色谱图。

表 4.2 13 种 OPEs 的线性范围、相关系数、方法检出限、方法定量限、回收率和精密度

化合物	线性范围（μg/L）	相关系数	方法检出限（ng/L）	方法定量限（ng/L）	日内精密度（RSD%, n=7）	日间精密度（RSD%, n=7）	富集系数（mean ± SD, n=7）
TEP	0.01 ~ 10	0.9937	1.76	5.88	8.09	12.6	37 ± 3
TCEP	0.1 ~ 100	0.9901	19.8	65.9	7.77	14.8	31 ± 2
TPPO	0.01 ~ 10	0.9966	0.35	1.17	5.74	8.96	46 ± 3
TPP	0.01 ~ 10	0.9969	0.55	1.84	6.93	11.1	37 ± 3
TCIPP	0.01 ~ 10	0.9961	3.26	10.9	9.71	12.7	39 ± 4
TDCPP	0.1 ~ 100	0.9987	20.0	66.7	12.2	4.81	30 ± 4
TPHP	0.01 ~ 10	0.9998	1.14	3.79	11.9	6.35	38 ± 5
TIBP	0.01 ~ 10	0.9952	0.18	0.61	6.29	4.32	40 ± 3
TNBP	0.01 ~ 10	0.9958	0.16	0.55	9.32	11.2	36 ± 3
TBOEP	0.01 ~ 10	0.9941	0.64	2.13	5.64	13.6	35 ± 2
TMPP	0.01 ~ 10	0.9922	0.96	3.19	8.92	10.5	33 ± 3
EHDPP	0.01 ~ 10	0.9919	0.61	2.03	13.7	8.02	39 ± 5
TEHP	0.01 ~ 10	0.9965	0.90	3.00	10.8	12.2	42 ± 5

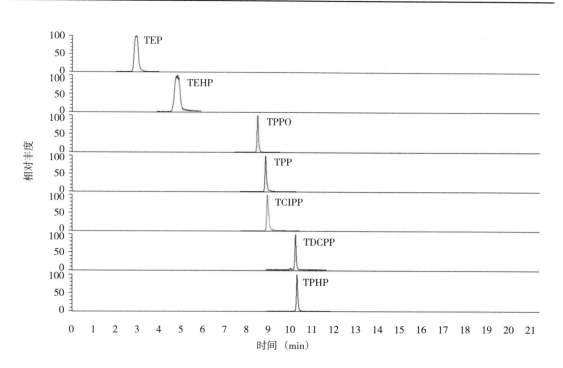

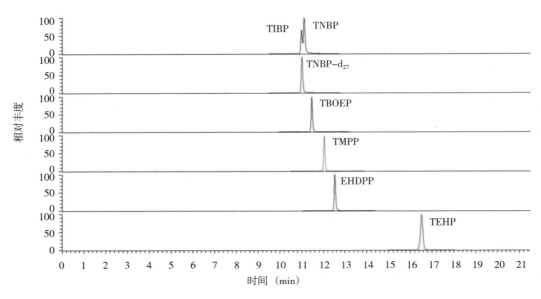

图 4.9　加标水样的 13 种 OPEs UHPLC-MS/MS 色谱图

4.4　实际水样的分析

为验证该方法的准确性和实用性，选择了 3 种不同来源的水样（自来水、河水和污水处理厂出水）进行分析。由于污水处理厂出水具有复杂的基质，因此采用出水来评价该方法的基质效应，实验结果如表 4.3 所示。基质效应在 84.7% ~ 97.9% 之间，表明本研究的基质效应可以接受。自来水、河水和污水处理厂出水的加标回收率（两种不同的加标浓度）分别 68.2% ~ 95.2%、76.8% ~ 93.9% 和 68.5% ~ 97.7%，其 RSD 均小于 15%。

在自来水中，检测到了 TEP、TCIPP、TIBP 和 TNBP，其浓度分别为 24.2 ng/L、27.3 ng/L、22.5 ng/L 和 13.6 ng/L；也发现了 TCEP、TPP、TPHP 和 TBOEP，但其含量均低于 LOQ；其他 OPEs 没有被检测到。在河水中，除了检测到 TPPO 和 TBOEP 之外，其他结果与自来水相似，检测到的 OPEs 浓度范围为 11.3 ~ 52.3 ng/L。总之，自来水和河水中均有部分 OPEs 被检出，但浓度较低。但在污水处理厂的出水中，共检出 13 种 OPEs，浓度为 10.9 ~ 456.3 ng/L。其中，TBP（TIBP 和 TNBP）和氯代烷基 OPEs（TCEP、TCIPP 和 TDCPP）的浓度最高。这些结果表明，目前的污水处理技术对去除 OPEs 的效果有限，应改进污水处理厂的相关处理工艺。

4.5　与其他分析方法的比较

目前，已有多种预处理方法用于提取水样中的 OPEs，其主要参数见表 4.4。LLE 具有良好的回收率和相对较低的 LOQ，但与其他方法相比，需要相当数量的水样，且消耗较多的有机溶剂（Martínez-Carballo 等，2007）。SPE 对大多数 OPEs 的 LOD 和 LOQ 较低，回收率较好，但与其他方法相比也需要较多的水样（Yan 等，2012）。SPME 不消耗有机溶剂，需要少量水样，回收率好，LOQ 相对较低，但是它非常耗时。而且，商品化的 SPME 纤维非常脆弱，只能提取 50 次左右；而自制的 SPME 纤维具有更长的使用寿命和更好的稳定性，但需要烦琐的制备过程（Rodríguez 等，2006；Jin 等，2016）。DLLME 需要少量的水样和有机溶剂，回收率相对较高，LOD 和 LOQ 较低。然而，传统的 DLLME 使用三氯乙烷等高毒氯化溶剂作为萃取剂（García-López 等，2007）。DLLME-SFO 使用毒性较低的有机溶剂，如十一醇作为萃取剂，但需要离心分离萃取剂与水样，使其不适合在现场应用（Luo 等，2014）。与上述方法相比，SD-DLLME-SFO 只需少量水样，提取时间短，提取溶剂环保，回收率、LOD、LOQ 和 RSD 合理。因此，SD-DLLME-SFO 是检测水样中 OPEs 的合适方法。

4.6　结论

在本研究中，建立了一种新型的 SD-LLME-SFO 预处理方法，并结合 UHPLC-MS/MS 对水样中 13 种 OPEs 进行测定。对 SD-DLLME-SFO 工艺进行了优化，包括萃取剂、分散剂和破乳剂的种类和体积、萃取时间以及样品的 pH。采用该方法，方法检出限和定量限分别为 0.16 ~ 20.0 ng/L 和 0.55 ~ 66.7 ng/L，富集系数为 30 ~ 46，回收率为 68.2% ~ 97.7%，RSD 小于 15%。

表 4.3 不同来源水样中 13 种 OPEs 的浓度和回收率

OPEs	添加浓度 (ng/L)	自来水 (n=3) 浓度 (ng/L)	回收率 (%)	相对标准偏差 (%)	河水 (n=3) 浓度 (ng/L)	回收率 (%)	相对标准偏差 (%)	污水处理厂出水 (n=3) 浓度 (ng/L)	回收率 (%)	相对标准偏差 (%)	基质效应 (n=3) 5 ng (%)	20 ng (%)
TEP	0	24.2 ± 1.97	—	8.13	36.7 ± 4.47	—	12.2	62.3 ± 5.03	—	8.07	85.1 ± 4.81	84.7 ± 3.94
	50	58.3 ± 4.86	68.2	8.33	75.4 ± 7.18	77.3	9.53	99.4 ± 7.81	74.2	7.86		
	200	175.1 ± 11.5	75.5	6.56	197.9 ± 11.3	80.6	5.70	199.2 ± 18.0	68.5	9.02		
TCEP	0	< LOQ	—	—	< LOQ	—	—	125.6 ± 10.8	—	8.57	92.7 ± 5.46	91.1 ± 5.98
	500	419.4 ± 34.6	83.9	8.26	458.0 ± 55.2	91.6	12.1	523.3 ± 25.5	79.5	4.87		
	2000	1746.3 ± 173.3	87.3	9.92	1693.0 ± 151.2	84.7	8.93	1733.5 ± 170.8	80.4	9.85		
TPPO	0	ND[a]	—	—	45.6 ± 4.17	—	9.15	84.5 ± 8.02	—	9.49	93.8 ± 6.84	92.0 ± 3.71
	50	44.1 ± 4.20	88.2	9.52	89.4 ± 10.0	87.7	11.2	124.9 ± 8.72	80.8	6.98		
	200	181.7 ± 10.6	90.9	5.85	233.3 ± 30.1	93.8	12.9	264.3 ± 19.3	89.9	7.30		
TPP	0	< LOQ	—	—	< LOQ	—	—	18.6 ± 0.42	—	2.27	86.2 ± 5.71	87.0 ± 3.89
	50	43.5 ± 2.55	86.9	5.87	43.2 ± 2.04	86.3	4.72	63.5 ± 8.26	89.8	13.0		
	200	183.4 ± 9.37	91.7	5.11	181.2 ± 20.9	90.6	11.6	183.8 ± 6.87	82.6	3.74		
TCIPP	0	27.3 ± 1.84	—	6.74	52.3 ± 1.34	—	2.56	158.4 ± 7.88	—	4.97	86.0 ± 4.21	85.3 ± 5.00
	50	70.0 ± 3.05	85.3	4.36	94.8 ± 9.13	84.9	9.64	202.5 ± 9.67	88.2	4.78		
	200	190.7 ± 8.60	81.7	4.51	212.4 ± 22.2	80.0	10.5	353.9 ± 46.0	97.7	13.0		
TDCPP	0	ND	—	—	ND	—	—	104.8 ± 13.7	—	13.1	89.1 ± 4.47	92.5 ± 6.43
	500	475.8 ± 52.7	95.2	11.1	466.6 ± 42.8	93.3	9.17	539.7 ± 39.7	87.0	7.35		

续表

OPEs	添加浓度 (ng/L)	自来水 (n=3) 浓度 (ng/L)	回收率 (%)	相对标准偏差 (%)	河水 (n=3) 浓度 (ng/L)	回收率 (%)	相对标准偏差 (%)	污水处理厂出水 (n=3) 浓度 (ng/L)	回收率 (%)	相对标准偏差 (%)	基质效应 (n=3) 5 ng (%)	20 ng (%)
	2000	1837.7 ± 248.5	91.9	13.5	1702.3 ± 190.6	85.1	11.2	1930.0 ± 186.8	91.3	9.68		
TPHP	0	< LOQ	—	—	< LOQ	—	—	15.9 ± 1.41	—	—	95.1 ± 2.57	90.2 ± 5.28
	50	44.1 ± 3.04	88.2	6.88	42.8 ± 1.09	85.6	2.56	63.1 ± 6.59	94.4	10.4		
	200	184.1 ± 16.1	92.0	8.77	183.4 ± 12.0	91.7	6.53	193.9 ± 14.6	89.0	7.54		
TIBP	0	22.5 ± 1.64	—	—	46.5 ± 2.41	—	—	456.3 ± 40.5	—	—	87.0 ± 1.39	91.2 ± 5.15
	50	65.6 ± 4.54	86.2	6.92	86.1 ± 5.74	79.3	6.67	497.6 ± 42.0	82.5	8.45		
	200	200.1 ± 10.1	88.8	5.05	219.8 ± 21.9	86.6	9.94	630.6 ± 13.1	87.1	2.08		
TNBP	0	13.6 ± 1.06	—	—	28.4 ± 2.47	—	—	389.4 ± 43.1	—	—	89.6 ± 3.56	94.6 ± 5.69
	50	56.5 ± 6.88	85.9	12.2	74.9 ± 7.61	93.0	10.2	435.9 ± 19.4	92.9	4.45		
	200	185.8 ± 23.9	86.1	12.9	205.8 ± 13.7	88.7	6.68	564.6 ± 57.0	87.6	10.1		
TBOEP	0	< LOQ	—	—	11.3 ± 0.55	—	—	89.6 ± 8.70	—	—	91.7 ± 1.90	97.9 ± 5.16
	50	46.6 ± 5.87	93.2	12.6	51.7 ± 2.39	80.7	4.62	132.4 ± 17.7	85.6	13.4		
	200	170.5 ± 24.8	85.3	14.5	184.1 ± 18.9	86.4	10.3	245.9 ± 14.6	78.1	5.96		
TMPP	0	ND	—	—	ND	—	—	14.5 ± 1.63	—	—	87.1 ± 6.01	93.0 ± 5.20
	50	45.4 ± 3.99	90.7	8.80	39.2 ± 5.06	78.3	12.9	55.6 ± 5.98	82.2	10.8		
	200	167.1 ± 10.6	83.6	6.34	175.4 ± 9.83	87.7	5.61	196.3 ± 8.50	90.9	4.33		
EHDPP	0	ND	—	—	ND	—	—	21.3 ± 0.98	—	—	93.3 ± 6.53	89.0 ± 4.21

续表

| OPEs | 添加浓度 (ng/L) | 自来水 (n=3) | | | 河水 (n=3) | | | 污水处理厂出水 (n=3) | | | 基质效应 (n=3) | | 参考文献 |
		浓度 (ng/L)	回收率 (%)	相对标准偏差 (%)	浓度 (ng/L)	回收率 (%)	相对标准偏差 (%)	浓度 (ng/L)	回收率 (%)	相对标准偏差 (%)	5 ng (%)	20 ng (%)	
	50	39.8 ± 3.34	79.7	8.37	38.4 ± 3.50	76.8	9.13	66.3 ± 7.27	90.1	11.0	88.5 ± 3.93	97.7 ± 3.72	Martínez-Carballo 等, 2007
	200	170.3 ± 10.3	85.1	6.06	187.9 ± 7.42	93.9	3.95	209.9 ± 16.7	94.3	7.94			
TEHP	0	ND	—	—	ND	—	—	10.9 ± 1.13	—	—			
	50	42.5 ± 1.60	85.0	3.76	38.4 ± 3.40	76.8	8.85	53.0 ± 5.00	84.2	9.43			
	200	157.5 ± 14.9	78.7	9.46	174.9 ± 8.05	87.4	4.60	187.0 ± 15.3	88.1	8.16			

表 4.4 水样中不同 OPEs 分析方法的比较

方法	现场应用	样品体积 (mL)	萃取时间 (min)	萃取溶剂	溶剂体积 (mL)	分离方法	检出限 (ng/L)	定量限 (ng/L)	回收率 (%)	精密度 (%)	OPEs 数量	参考文献
液液萃取 – 液相色谱串联质谱法 (LLE-LC-MS/MS)	是	800	—	二氯甲烷	35	—	—	2.6~7.9	63~94	1.9~12	9	Martínez-Carballo 等, 2007
固相萃取 – 气相色谱质谱法 (SPE-GC-MS)	否	1000	—	乙酸乙酯	4	—	0.006~0.85	0.015~2.0	31.2~81.4	2.9~9.9	8	Yan 等, 2012
直接固相微萃取 – 气相色谱法 (DI-SPME-GC-NPD)	是	22	40	—	—	—	—	10~25	26.7~119.2	<10	9	Rodríguez 等, 2006

续表

方法	现场应用	样品体积 (mL)	萃取时间 (min)	萃取溶剂	溶剂体积 (mL)	分离方法	检出限 (ng/L)	定量限 (ng/L)	回收率 (%)	精密度 (%)	OPEs数量	参考文献
顶空固相微萃取法 (HS-SPME-GC-NPD)	是	10	40	—	—	—	1.4~135.6	4.7~452.0	76.4~112.4	<9.8	9	Jin等, 2016
分散液液微萃取-气相色谱法 (DLLME-GC-NPD)	否	10	1	三氯乙烷	0.02	离心	—	10~80	—	<10	10	García-López等, 2007
悬浮固化分散液相萃取-谱串联质谱法 (DLLME-SFO-LC-MS/MS)	否	8	2	十一醇	0.4	离心	20~70	—	48.7~113	3.2~12.3	8	Luo等, 2014
溶剂去乳化-悬浮固化分散液相微萃取-液相色谱串联质谱法 (SD-DLLME-SFO-LC-MS/MS)	是	10	3	十一醇	0.075	去乳化	0.16~20	0.55~66.7	68.2~97.7	<15	13	This study

5 植物中有机磷酸酯的同时加速溶剂萃取与净化分析方法

5.1 同时加速溶剂萃取与净化方法的选择与优化

5.1.1 净化材料与萃取溶剂的选择

由于 OPEs 的萃取和净化同时进行，所选择的萃取溶剂需要既能从植物样品中有效萃取出目标化合物，也能从净化材料中有效洗脱出目标化合物，同时尽可能少地洗脱出干扰物质；所选择的净化材料需要达到净化的目的，既能使吸附的目标化合物被萃取溶剂洗脱，也能让吸附的干扰物质尽可能少地洗脱。因此，净化材料和萃取溶剂的选择需同时进行。此外，为了在萃取池中形成有效的净化层，本研究添加的净化材料质量为 5 g。

植物样品中含有大量的色素类物质，严重干扰目标化合物的检测，常规的净化材料如硅胶、弗罗里硅土等不能有效去除这类物质，而活性炭具有较强的吸附能力，能有效吸附色素类物质，同时也对目标化合物具有较强的吸附作用。因此，本研究首先选用活性炭作为净化材料，考察 5 种常用的萃取溶剂 [正己烷:丙酮（1:1，V:V）、正己烷:二氯甲烷（1:1，V:V）、二氯甲烷、二氯甲烷:乙酸乙酯（1:1，V:V）、乙酸乙酯] 的萃取和净化效果。结果表明（图 5.1），正己烷:二氯甲烷（1:1，V:V）对 TBOEP 的萃取效果较差，加标回收率仅为 67.32%，并且萃取液的颜色深黄；二氯甲烷对 TBOEP 和 TEHP 的萃取效果较差，加标回收率分别为 62.92% 和 51.24%；正己烷:丙酮（1:1，V:V）、二氯甲烷:乙酸乙酯（1:1，V:V）和乙酸乙酯对 13 种 OPEs 的萃取效果相近，但是二氯甲烷:乙酸乙酯（1:1，V:V）和乙酸乙酯的萃取液颜色深黄，不利于 GC–MS 检测，而正己烷:丙酮（1:1，V:V）的萃取液颜色较浅并清澈。因此，选择正己烷:丙酮（1:1，V:V）作为本研究植物中 OPEs 的萃取溶剂。

为了去除植物样品中其他干扰物质，本研究在选用正己烷:丙酮（1:1，V:V）作为萃取溶剂、活性炭作为净化材料的基础上，又考察了 5 种常用的净化材料 [硅胶，中性氧化铝，弗罗里硅土，PSA，硅胶:中性氧化铝（1:1，W:W）] 的萃取和净化效果。结果表明（图 5.2），当选用中性氧化铝作为净化材料时，TCEP、TPPO 和 TMPP 的回收率较低，仅分别为 45.94%、45.27% 和 49.32%；当选用弗罗里硅土作为净化材料时，TEHP 的回收率较低，仅为 56.98%；当选用 PSA 作为净化材料时，TEP、TEHP 和 TPPO 的回收率较低，仅分别为 61.50%、62.64% 和 65.57%；当选用硅胶：中性氧化铝（1∶1，W∶W）作为净化材料时，TPHP、TEHP 和 TMPP 的回收率较低，仅分别为 55.06%、57.94% 和 60.61%；而当选用硅胶作为净化材料时，13 种 OPEs 的回收率均较好，都大于 70%。因此，选用硅胶作为本研究植物中 OPEs 的净化材料。

5.1.2　加速溶剂萃取条件的优化

首先，本研究考察了萃取温度（60 ℃、80 ℃、100 ℃、120 ℃和 140 ℃）对萃取和净化效果的影响，结果如图 5.3 所示。因为当萃取温度为 140 ℃时，萃取液呈黑色，为了不影响 GC-MS 的性能，140 ℃条件下的萃取液未检测。从图 5.3 中可以看出，当萃取温度为 60 ℃和 80 ℃时，TPP 和 TMPP 的回收率均较低，分别为 66.12%、65.92% 和 61.59%、62.21%，其他 OPEs 的回收率与 100 ℃、120 ℃时的差异不大。当萃取温度为 100 ℃和 120 ℃时，13 种 OPEs 的回收率均没有显著差异，回收率位于 68.23% ～ 91.9%，满足痕量分析的要求；但是 120 ℃时萃取液的颜色较深，并且萃取温度越高消耗的能量越多。因此，本研究选择萃取温度为 100 ℃。

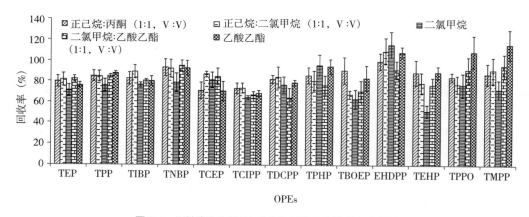

图 5.1　活性炭作为净化材料时不同萃取剂的萃取净化效果

然后，本研究考察了静态萃取时间（5 min、10 min、15 min 和 20 min）对萃取和净化效果的影响。结果表明（图 5.4），当静态萃取时间为 5 min 时，仅 TPP 的回收率较低，为 66.17%。静态萃取时间为 10 min、15 min 和 20 min 条件下，13 种 OPEs 的回收率没有显著差异，回收率位于 73.71% ～ 88.2%，满足痕量分析的要求。因此，为了缩短分析时间，本研究选择静态萃取时间为 10 min。

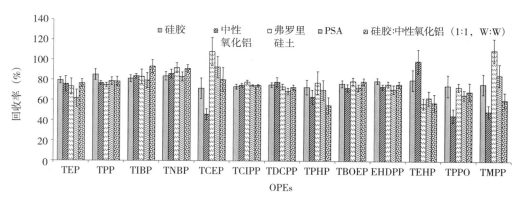

图 5.2　正己烷:丙酮（1:1，V:V）作为萃取溶剂、活性炭作为净化材料时其他净化材料的萃取净化效果

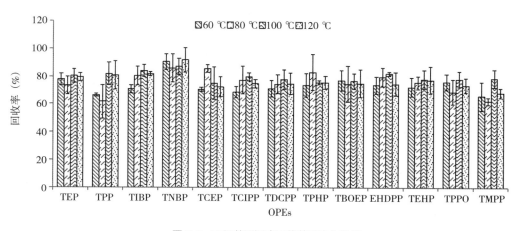

图 5.3　不同萃取温度下的萃取净化效果

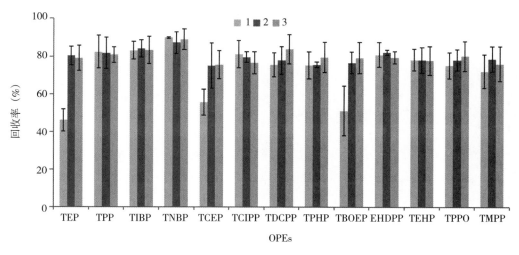

图 5.4　不同静态萃取时间下的萃取净化效果

最后，本研究考察了循环次数（1 次，2 次和 3 次）对萃取和净化效果的影响。结果表明（图 5.5），当循环次数为 1 次时，TEP、TCEP 和 TBOEP 的回收率较差，分别为 46.29%、55.96% 和 51.41%。循环次数为 3 次时，13 种 OPEs 的回收率与 2 次相比并没有显著增加。因此，为了减少有机溶剂的使用量，本研究选择循环次数为 2 次。

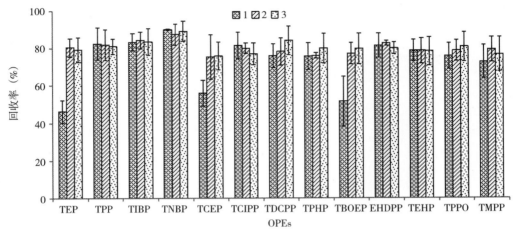

图 5.5　不同循环次数下的萃取净化效果

经过上述优化，最终得到的同时加速溶剂萃取与净化方法为：在 34 mL 不锈钢加速溶剂萃取池底部放置一张纤维素滤膜，准确称取 5.00 g 活化硅胶和 5.00 g 活性炭粉末先后放置于萃取池中，然后在活性炭粉末上覆盖一张纤维素滤膜，再准确称取 2.00 g 过 1 mm 筛的经真空冷冻干燥的植物样品放置于萃取池中，然后再加入 20 ng 内标化合物，搅拌均匀，萃取池的剩余空间用硅藻土填满，然后进行加速溶剂萃取与净化；萃取溶剂为正己烷:丙酮（1:1，V:V），萃取压力为 1500 psi，萃取温度为 100 ℃，静态萃取时间为 10 min，冲洗体积为 60% 池体积，氮气吹扫时间为 60 s，萃取循环次数为 2 次；将收集的萃取液用柔和氮气吹扫至近干，100 μL 色谱纯正己烷定容。

5.2　分析方法的验证与评价

5.2.1　背景污染

为了监测方法的背景污染，通过多次正己烷:丙酮（1:1，V:V）萃取，制作空白植物样品，并且每分析 12 个样品插入 1 个方法空白。结果显示，该方法的背景污染很低，低于方法检出限。因此，在实际检测中可忽略背景污染。

5.2.2 方法的线性范围、检出限和定量限

选用 TNBP-d_{27} 和 TPHP-d_{15} 作为内标化合物,浓度均为 200 μg/L,采用内标法对 13 种 OPEs 进行定量,不同的目标化合物对应不同的内标化合物,具体对应情况见表 5.1。

配置 7 种不同浓度的 13 种 OPEs 的混合标准溶液进行测定,每个浓度重复 3 次,以目标化合物与内标化合物的峰面积比为纵坐标、目标化合物的浓度为横坐标,进行线性回归分析,得到 13 种 OPEs 的线性范围和相关系数。结果如表 5.2 所示,13 种 OPEs 的线性关系良好,相关系数均大于 0.99。

方法检出限的计算依据《美国环保局联邦法规法典》第 40 部分第 136 节附录 B 中的方法(USEPA,2013)。按照 2.2 和 2.3 的方法,萃取和检测 8 个加标浓度为 5 ng/g 的空白加标植物样品,计算标准偏差。方法检出限为 3 倍的标准偏差,方法定量限为 10 倍的标准偏差。结果所示,13 种 OPEs 的方法检出限为 0.79 ~ 2.27 ng/g,方法定量限为 2.65 ~ 7.59 ng/g。

表 5.1　方法的线性范围、相关系数、检出限和定量限

化合物	线性范围 (μg/L)	相关系数	方法检出限 (ng/g)	方法定量限 (ng/g)
TEP	10 ~ 5000	0.9986	0.85	2.84
TPP	10 ~ 5000	0.9945	1.01	3.36
TIBP	10 ~ 5000	0.9948	1.08	3.59
TNBP	10 ~ 5000	0.9988	0.98	3.25
TCEP	50 ~ 10000	0.9953	0.79	2.65
TCIPP	10 ~ 5000	0.9944	1.10	3.67
TDCPP	10 ~ 5000	0.9964	1.37	4.58
TPHP	10 ~ 5000	0.9998	1.30	4.33
TBOEP	10 ~ 5000	0.9910	1.00	3.32
EHDPP	10 ~ 5000	0.9995	1.00	3.34
TEHP	50 ~ 10000	0.9939	2.27	7.59
TPPO	10 ~ 5000	0.9961	1.79	6.00
TMPP	50 ~ 10000	0.9949	2.07	6.90

5.2.3　方法的回收率和精密度

在植物样品中分别添加一定浓度的 13 种 OPEs 混合标准品，使添加水平分别为 5 ng/g、25 ng/g 和 50 ng/g，每个添加水平平行测定 7 次，计算回收率和相对标准偏差。结果如表 5.2 所示，13 种 OPEs 的回收率为 76.87% ~ 113.00%，相对标准偏差为 2.02% ~ 14.61%，基本满足痕量分析的要求。图 5.6 是添加水平为 25 ng/g 的植物样品的 GC-MS/MS 色谱图。

表 5.2　不同添加浓度下方法的回收率和精密度

| 化合物 | 添加浓度 | | | | | |
| | 5 ng/g (n=7) | | 25 ng/g (n=7) | | 50 ng/g (n=7) | |
	回收率 (%)	精密度 (%)	回收率 (%)	精密度 (%)	回收率 (%)	精密度 (%)
TEP	96.88	5.86	88.36	4.87	98.07	2.02
TPP	93.53	7.18	93.52	5.72	111.66	11.06
TIBP	101.60	7.07	94.41	7.28	113.00	7.33
TNBP	110.74	5.88	94.42	3.57	82.27	9.38
TCEP	84.81	6.24	79.33	5.23	87.01	4.67
TCIPP	110.30	6.66	93.99	6.61	92.71	4.74
TDCPP	105.40	8.69	88.98	11.57	99.25	8.65
TPHP	95.60	9.06	94.68	2.74	90.55	8.52
TBOEP	103.56	6.42	84.17	8.44	104.71	9.19
EHDPP	89.18	7.50	88.93	5.81	90.00	12.34
TEHP	110.66	13.71	87.37	7.03	76.87	6.42
TPPO	109.66	10.89	94.54	5.91	106.96	9.18
TMPP	94.51	14.61	93.28	6.04	90.31	10.58

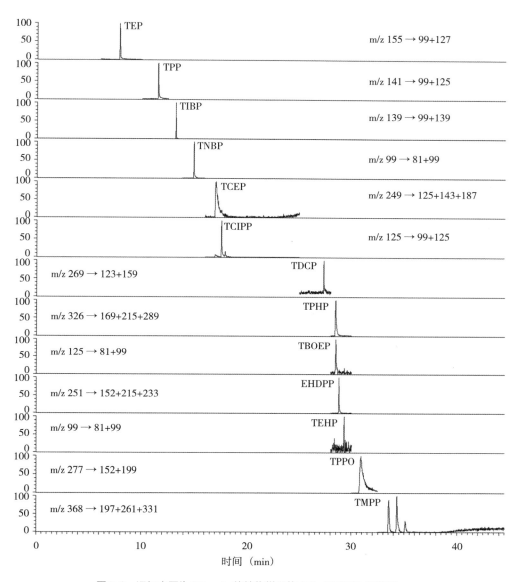

图 5.6　添加水平为 25 ng/g 的植物样品的 GC-MS/MS 色谱图

5.3　实际植物样品的分析

采用本方法对沈阳市沈北新区某地膜上的小白菜样品进行分析，结果显示 13 种 OPEs 均有检出。其中，TIBP、TNBP、TCIPP、TDCPP、TPHP、TBOEP 和 EHDPP 的浓度分别为 3.76 ng/g、4.08 ng/g、4.03 ng/g、4.85 ng/g、4.56 ng/g、3.64 ng/g 和 3.51 ng/g，TEP、TPP、TCEP、TEHP、TPPO 和 TMPP 的浓度均位于方法检出限与定量限之间。图 5.7 为该小白菜样品的 GC-MS/MS 色谱图。

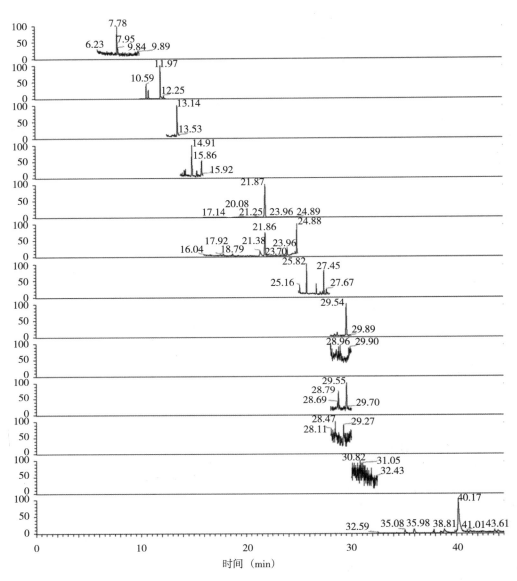

图 5.7　小白菜样品的 GC-MS/MS 色谱图

5.4　结论

　　本文建立了同时加速溶剂萃取和净化、气相色谱－离子阱二级质谱检测植物中 13 种有机磷酸酯阻燃剂 / 增塑剂的分析方法。实验优化了气相色谱分离条件和离子阱二级质谱参数，并优选出硅胶和活性炭作为在线净化填料和萃取溶剂为正己烷:丙酮（1:1，V:V）、萃取温度为 100 ℃、静态萃取时间为 10 min、循环次数为 2 次的加速溶剂萃取条件。方法学评价结果表明，该方法具有较好的准确度和精密度，低、中、高 3 个添加水平下 13 种有机磷酸酯的加标回收率为 76.87% ~ 113.00%，相对标准偏差为 2.02% ~ 14.61%，13 种有机磷酸酯的方法检出限为 0.79 ~ 2.27 ng/g，方法定量限为 2.65 ~ 7.59 ng/g。该方法前处理简单、分析时间短、有机溶剂消耗量少，可用于植物样品中有机磷酸酯类阻燃剂 / 增塑剂的快速、准确检测。

6 植物中有机磷酸酯的基质固相分散萃取分析方法

6.1 气相色谱串联质谱条件的选择

气相色谱仪（Trace 1300，Thermo Scentific，美国）串联三重四极杆质谱仪（TSQ 8000 EVO，Thermo Scentific，美国）用于测定 OPEs 的含量。色谱柱为 TR-5MS 毛细管柱（30 m×0.25 μm×0.25 mm），氦气作为载气，流速为 1 mL/min。色谱柱升温程序为：初始柱温为 50 ℃，保持 1 min，以 10 ℃/min 升至 180 ℃，保持 8 min，再以 20 ℃/min 升至 240 ℃，保持 8 min，以 3 ℃/min 升至 255 ℃，再以 30 ℃/min 升至 300 ℃，保持 5 min。进样方式为脉冲不分流进样，脉冲压力为 20 psi，进样量为 1 μL。进样口、连接线和离子源温度分别为 250 ℃、280 ℃和 280 ℃，EI 源（70 eV），质谱检测采用多反应监测模式，相关参数如表 6.1 所示。

表 6.1 OPEs 的保留时间、母离子、子离子、碰撞能

OPEs	保留时间（min）	母离子（m/z）	子离子（m/z）	碰撞能（eV）
TEP	8.23	155.0	99.0[a], 127.0	10, 10
TPP	11.92	141.0	99.0[a], 81.0	10, 30
TIBP	13.62	98.9	81.0[a], 63.0	20, 30
TNBP-d_{27}	15.12	103.0	83.0[a], 63.0	20, 30
TNBP	15.39	155.0	99.0[a], 81.0	10, 30
TCEP	17.50	248.9	125.0[a], 187.0	10, 10
TCIPP	18.25	201.0	125.0[a], 99.0	10, 10
TDCPP	27.80	190.9	75.0[a], 155.0	10, 10
TPHP-d_{15}	28.83	341.1	223.2[a], 180.1	20, 10
TPHP	28.97	326.0	233.1[a], 215.0	10, 20

续表

OPEs	保留时间（min）	母离子（m/z）	子离子（m/z）	碰撞能（eV）
TBOEP	29.03	199.0	101.1[a]，57.1	10，10
EHDPP	29.39	251.0	77.1[a]，152.1	30，20
TEHP	29.97	99.0	81.0[a]，62.9	20，30
TPPO	31.28	277.0	199.0[a]，152.1	20，30
	34.29			
TMPP	35.05	368.1	165.2[a]，261.1	30，10
	35.84			

6.2　基质固相分散萃取条件的选择与优化

基质固相分散萃取（MSPD）的萃取效果受许多因素的影响，如样品的特性、分析物的性质、分散剂和洗脱剂的适宜性以及其他可能的干扰（Campone 等，2010）。对于植物来说，色素是主要的干扰因素。为了有效去除色素的干扰，在研钵中预先加入了石墨化炭黑；而为了除去水分，在研钵中也预先加入了无水硫酸钠。因此，在萃取条件优化的过程中，统一使用油菜作为样品，油菜的用量为 0.5 g，同时加入 20 ng 替代标准品（TNBP-d$_{27}$）、2 g 无水硫酸钠和 0.1 g 石墨化炭黑。每个目标 OPEs 的加标浓度为 100 ng/g，将 OPEs 的加标回收率作为选择最佳 MSPD 条件的主要评价指标。

首先，考察了分散剂对 MSPD 方法回收率的影响。分别将 2 g 硅胶、氧化铝、弗罗里硅土和 N- 丙基乙二胺（PSA）等 4 种分散剂加入植物样品中进行研磨，然后将混合物转移到固相萃取柱中，选择 10 mL 乙酸乙酯作为洗脱溶剂。结果表明，无论使用何种分散剂，洗脱液均无色透明，GC-MS/MS 色谱图清洁，这说明 MSPD 方法具有良好的选择性。4 种分散剂对 OPEs 回收率的影响如图 6.1 所示，当弗罗里硅土作为分散剂时，获得了最佳效果。然而，当使用 PSA 或氧化铝作为分散剂时，TEP 的回收率非常低；原因可能是 TEP 的极性相对较大，PSA 对极性化合物具有良好的吸附能力（Wilkowska and Biziuk，2011），氧化铝也是极性吸附剂，对极性化合物也具有良好的吸附，因此 PSA 或氧化铝对TEP 的吸附较强。当硅胶用作分散剂时，TPPO 的回收率较低，这可能是由于特殊的苄基结构导致硅胶对 TPPO 吸附性较强。导致 TEP 和 TPPO 回收率低的第二个原因是洗脱溶剂，乙酸乙酯对 TEP 和 TPPO 的洗脱能力较弱。因此本研究选择了弗罗里硅土作为分散剂。此外，弗罗里硅土还被用作灰尘和鱼类样品中 MSPD 的分散剂（García-López 等，2008；Campone 等，2010）。

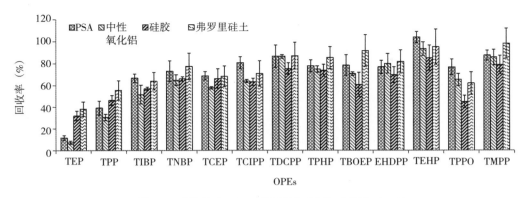

图 6.1　分散剂对 MSPD 萃取回收 OPEs 的影响（n=3）

其次，研究了不同洗脱溶剂对 MSPD 方法回收率的影响。在本实验中，分别考察了丙酮、二氯甲烷、乙酸乙酯和正己烷/丙酮（1∶1，V∶V）作为洗脱溶剂的洗脱效果，洗脱溶剂的体积为 10 mL。需要特别说明的是，当丙酮作为洗脱溶剂时，洗脱液中含有水分，必须用无水硫酸钠去除水分。不同洗脱溶剂对回收率的影响如图 6.2 所示，二氯甲烷的洗脱效果最差，大多数 OPEs 的回收率低于 20 %。其原因可能是二氯甲烷属于弱极性溶剂，但 OPEs 的极性范围较宽，因此二氯甲烷对部分极性 OPEs 洗脱能力较弱。除 TEP 和 TPPO 外，乙酸乙酯和正己烷/丙酮（1∶1，V∶V）的洗脱效果相似。对于大多数 OPEs 来说，丙酮的洗脱效果比正己烷/丙酮（1∶1，V∶V）差，并且需要去除水分。因此，本实验选择正己烷/丙酮（1∶1，V∶V）作为洗脱溶剂。

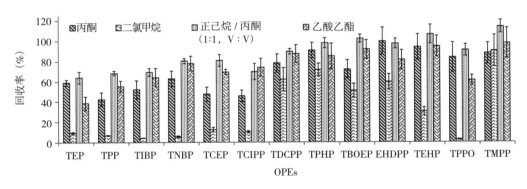

图 6.2　洗脱剂对 MSPD 萃取回收 OPEs 的影响（n=3）

然后，考察了不同的洗脱溶剂体积对萃取效果的影响。在本实验中，分别考察了 5 mL、10 mL、15 mL 和 20 mL 正己烷/丙酮（1∶1，V∶V）对目标 OPEs 的洗脱效果，结果如图 6.3 所示。除了 TEP 和 TPPO 外，5 mL 洗脱溶剂可将大部分 OPEs 洗脱。当洗脱溶剂体积增加至 10 mL 时，TEP 和 TPPO 的回收率分别从 23.1% 和 49.2% 增加到 64.2% 和 91.3%。当洗脱溶剂的体积进一步增加至 15 mL 时，TPP、TIBP、TNBP 和 TCIPP 的回收率增加，而其他 OPEs 的回收率没有变化。但是，当洗脱溶剂的体积继续增加到 20 mL 时，所有 OPEs 的回收率变化都很小。因此，本实验选择 15 mL 正己烷 / 丙酮（1:1，V:V）作为洗脱溶剂。

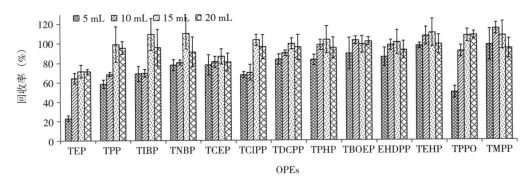

图 6.3　洗脱剂体积对 MSPD 萃取回收 OPEs 的影响（*n*=3）

　　最后，考察了样品和分散剂的质量比对萃取效果的影响。在本实验中，样品的质量保持在 0.5 g，分散剂的质量分别设置为 1 g、1.5 g、2 g 和 2.5 g。样品和分散剂的质量比对 OPEs 回收率的影响如图 6.4 所示。随着样品和分散剂的质量比增加，OPEs 的回收率增加，直到样品和分散剂的质量比为 1:4。然而，当样品和分散剂的质量比进一步增加至 1:5 时，OPEs 的回收率降低。原因可能是使用了过多的分散剂，吸附在分散剂上的分析物没有被有限的洗脱溶剂有效地洗脱。因此在本实验中使用 2 g 分散剂。

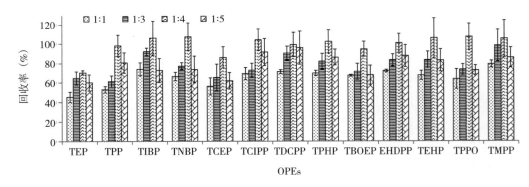

图 6.4　样品与分散剂质量比对回收效率的影响（*n*=3）

　　综上，当使用 2 g 弗罗里硅土作为分散剂和 15mL 正己烷 / 丙酮（1:1，V:V）作为洗脱溶剂时，MSPD 方法适用于蔬菜样品中 13 种 OPEs 的测定。最终得到的基质固相分散萃取条件为：将新鲜蔬菜样品用研磨机研磨至粉末，分别将 0.5 g 样品、20 ng 氘代磷酸三正丁酯（TNBP-d_{27}）、2 g 无水硫酸钠和 0.1 g 石墨化炭黑混合在玻璃研钵中，然后用 2 g 弗罗里硅土分散，直至混合均匀；将一张聚乙烯滤膜放置于聚丙烯固相萃取柱一端，然后将研磨好的样品倒入萃取柱中，在覆盖一层聚乙烯滤膜，接着用 15 mL 正己烷 / 丙酮（1:1，

V:V）清洗研钵和杵 3 次，然后转移到萃取柱中进行洗脱，收集洗脱液后进行氮吹，氮吹结束后加入 20 ng 氘代磷酸三苯酯（TPHP-d$_{15}$）作为内标，再用正己烷定容至 1 mL。图 6.5 显示了在最佳 MSPD 条件下提取的加标油菜样品的 GC–MS/MS 色谱图。

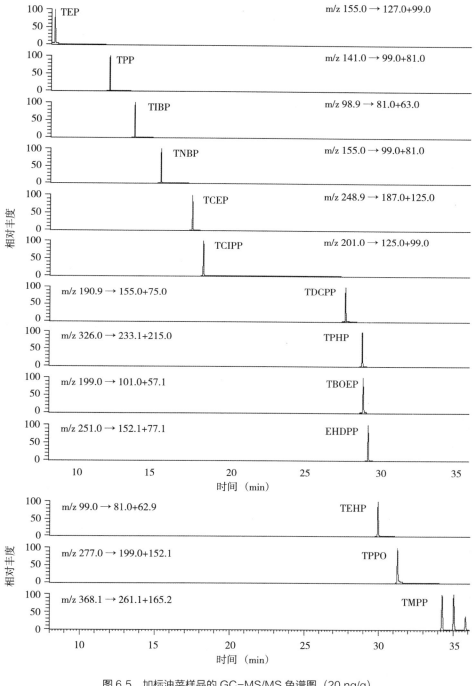

图 6.5　加标油菜样品的 GC–MS/MS 色谱图（20 ng/g）

6.3 分析方法的验证与评估

在最佳实验条件下对基质效应进行了评估。首先用 MSPD 方法提取油菜样品，在 GC–MS/MS 分析前，将 13 种目标 OPEs、替代物和内标物加入提取液中，每种目标 OPEs 的添加量分别为 1 ng、10 ng 和 50 ng。结果发现，当减去样品中目标分析物的峰面积、然后与相同浓度的标准溶液的峰面积相比时，所有分析物的峰面积都增加了，这表明存在基质增强效应。然而，当使用内标法进行定量时，可获得 82.8% ~ 102.1% 的基质效应（表6.2），其原因是目标分析物和内标物均表现了相同的增强效应。因此，利用内标法定量可以校正基质效应。

表 6.2 有机磷酸酯的线性范围、相关系数、检出限、定量限和基质效应

OPEs	线性范围 (μg/L)	相关系数	检出限 (ng/g)	定量限 (ng/g)	基质效应（%；n=3）		
					1 ng	10 ng	50 ng
TEP	0.1 ~ 100	0.9974	0.06	0.20	100.7 ± 2.10	86.6 ± 5,40	92.5 ± 6.84
TPP	0.1 ~ 100	0.9999	0.06	0.21	101.5 ± 1.86	96.5 ± 3.47	88.4 ± 4.16
TIBP	0.1 ~ 100	0.9999	0.07	0.23	96.0 ± 2.79	100.0 ± 4.31	92.9 ± 6.92
TNBP	0.1 ~ 100	0.9990	0.05	0.16	89.4 ± 5.80	96.0 ± 3.83	86.8 ± 1.77
TCEP	0.1 ~ 100	0.9979	0.06	0.19	97.6 ± 2.77	99.6 ± 4.15	98.4 ± 1.08
TCIPP	0.1 ~ 100	0.9995	0.07	0.24	87.2 ± 3.40	90.1 ± 5.11	98.1 ± 1.67
TDCPP	0.1 ~ 100	0.9999	0.06	0.19	94.3 ± 6.79	94.2 ± 2.25	94.2 ± 5.48
TPHP	0.1 ~ 100	0.9997	0.05	0.18	88.0 ± 6.35	97.3 ± 3.97	82.8 ± 2.06
TBOEP	0.5 ~ 100	0.9995	0.33	1.10	102.1 ± 4.18	95.8 ± 4.77	97.6 ± 4.04
EHDPP	0.1 ~ 100	0.9915	0.07	0.22	102.1 ± 5.69	94.3 ± 3.70	95.3 ± 6.27
TEHP	0.1 ~ 100	0.9967	0.07	0.22	95.7 ± 9.89	90.5 ± 0.90	94.1 ± 2.27
TPPO	0.1 ~ 100	0.9989	0.07	0.23	92.8 ± 5.81	96.1 ± 3.45	93.3 ± 2.75
TMPP	0.5 ~ 100	0.9981	0.32	1.06	99.8 ± 3.59	96.5 ± 3.99	89.9 ± 1.05

用内标法计算校准曲线，结果表明，在一定浓度范围内，每种 OPEs 均具有良好的线性关系，相关系数 R 均大于 0.9915（表 6.2）。根据《美国环保局联邦法规法典》第 40 部分第 136 节附录 B 中的方法（US EPA，2017）计算每种 OPEs 的方法检测限和定量限。具体方法为，对 8 份目标化合物含量较低（TBOEP 和 TMPP 为 1 ng/g，其他 OPEs 为 0.2 ng/g）的油菜样品用 MSPD 法进行提取，并用 GC–MS/MS 进行检测，用 3 倍的测定

标准差计算方法检出限，该方法的检出限为 TNBP 的 0.05 ng/g 到 TBOEP 的 0.33 ng/g；用
10 倍的测定标准差来计算方法定量限，该方法的定量限为 TNBP 的 0.16 ng/g 到 TBOEP
的 1.10 ng/g。

通过对加入 2 ng/g、20 ng/g 和 100 ng/g 浓度 OPEs 的油菜样品进行多次重复萃取分析，
获得了 OPEs 的加标回收率。加标 2 ng/g 的回收率为 65.1% ~ 109.1%，加标 20 ng/g 的回
收率为 68.4% ~ 103.9%，加标 100 ng/g 的回收率为 70.2% ~ 105.3%（表 6.3）。日内、日间
相对标准差均小于 15%。

OPEs	2 ng/g ($n=3$)		20 ng/g ($n=3$)		100 ng/g（日内，$n=3$；日间，$n=7$）		
	回收率 (%)	日内 RSD (%)	回收率 (%)	日内 RSD (%)	回收率 (%)	日内 RSD (%)	日间 RSD (%)
TEP	65.1	8.12	68.4	6.46	70.2	11.4	9.13
TPP	90.1	10.4	98.4	13.3	92.4	5.36	8.43
TIBP	109.1	9.88	100.5	9.49	102.2	10.7	12.4
TNBP	82.7	10.1	92.7	9.90	100.6	5.60	9.42
TCEP	79.1	12.6	82.2	7.95	87.9	12.2	9.58
TCIPP	89.5	7.07	82.2	9.72	98.9	4.12	7.43
TDCPP	96.5	9.69	90.2	8.61	98.6	10.2	13.5
TPHP	94.8	9.09	103.7	7.81	102.8	5.16	7.65
TBOEP	104.3	9.88	86.4	12.2	99.6	9.82	8.52
EHDPP	102.0	12.5	96.7	9.55	91.1	11.7	9.87
TEHP	100.0	8.84	95.1	7.41	94.4	3.54	6.34
TPPO	105.1	8.87	95.3	7.54	90.1	14.7	12.8
TMPP	93.7	10.5	103.9	12.9	105.3	5.18	8.67

表 6.3 油菜中有机磷酸酯的回收率和重复性

为了进一步验证 MSPD 方法的适用性，采用该方法对黄瓜进行了分析。图 6.6 为黄
瓜样品的 GC–MS/MS 色谱图。当每种目标 OPEs 的加标浓度为 2 ng/g 时，回收率为 TEP
的 67.5% 到 TPPO 的 105.4%，相对标准偏差小于 15%。结果表明，该方法可应用于其他
蔬菜。

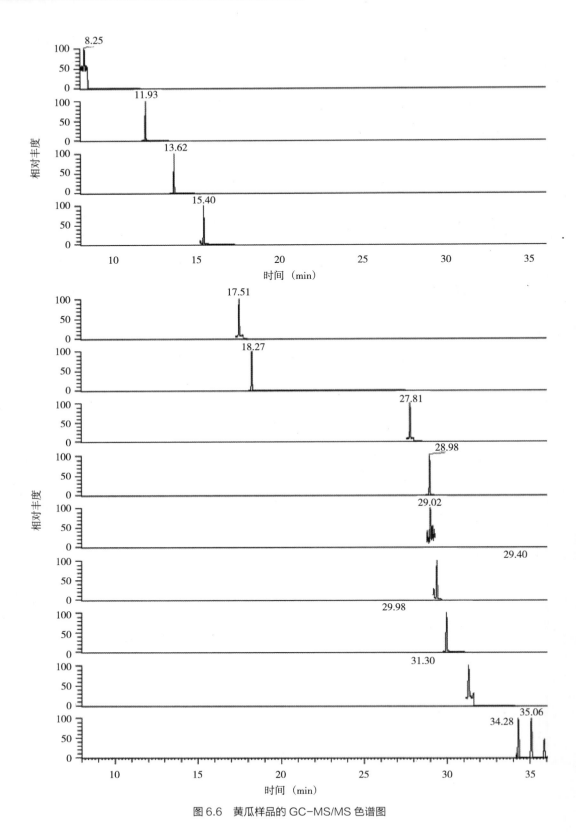

图 6.6　黄瓜样品的 GC-MS/MS 色谱图

6.4 实际植物样品的分析

采用该方法测定了 2018 年 1 月 5 日从沈阳市洮昌市场购买的蔬菜样品中 13 种 OPEs 的含量。以油菜（*Brassia campestris* L）、黄瓜（*Cucumis sativus*）、婆婆丁（*Taraxacum mongolicum* Hand.–Mazz）、番茄（*Solanum lycopersicum*）、芹菜（*Apium graveolens* Linn）、马铃薯（*Solanum tuberosum* L）、卷心菜（*Brassica oleracea var. capitata*）、辣椒（Capsicum annuum L）等 8 种蔬菜（约 500 g）为材料，研究表明，在 8 种蔬菜中均检测到 OPEs 的存在。这些蔬菜样品中 13 种 OPEs 的浓度如表 6.4 所示。除 TBOEP 外，蔬菜中检测到其他 OPEs 的存在。番茄的 13 种 OPEs 浓度最高，为 26.8 ng/g，马铃薯最低，为 5.89 ng/g。最终结果表明，这些蔬菜受到了 OPEs 的污染，因此需要更多地关注 OPEs 对人体健康的危害。

表 6.4 8 种蔬菜中有机磷酸酯的含量（ng/g）								
OPEs	油菜	黄瓜	婆婆丁	番茄	芹菜	马铃薯	卷心菜	辣椒
TEP	0.80 ± 0.06	0.59 ± 0.03	0.55 ± 0.04	ND	0.33 ± 0.02	ND	0.45 ± 0.03	0.41 ± 0.06
TPP	0.97 ± 0.03	2.19 ± 0.25	0.98 ± 0.02	1.96 ± 0.07	0.33 ± 0.01	0.32 ± 0.03	0.38 ± 0.02	0.25 ± 0.02
TIBP	2.24 ± 0.13	2.47 ± 0.06	1.78 ± 0.02	2.19 ± 0.20	1.61 ± 0.23	0.96 ± 0.07	1.03 ± 0.11	1.24 ± 0.15
TNBP	1.12 ± 0.08	1.37 ± 0.24	1.52 ± 0.18	1.81 ± 0.24	0.85 ± 0.12	0.71 ± 0.09	0.73 ± 0.09	0.75 ± 0.11
TCEP	1.04 ± 0.12	0.77 ± 0.11	1.67 ± 0.17	2.04 ± 0.30	0.74 ± 0.09	0.67 ± 0.06	0.70 ± 0.04	0.67 ± 0.02
TCIPP	1.10 ± 0.13	1.42 ± 0.20	1.99 ± 0.19	2.08 ± 0.29	0.78 ± 0.03	0.71 ± 0.11	0.67 ± 0.06	0.59 ± 0.08
TDCPP	0.36 ± 0.05	0.39 ± 0.04	0.96 ± 0.12	1.27 ± 0.04	0.35 ± 0.03	ND	ND	ND
TPHP	0.80 ± 0.03	0.37 ± 0.02	1.60 ± 0.24	2.19 ± 0.26	0.69 ± 0.08	0.23 ± 0.02	0.25 ± 0.03	0.19 ± 0.02
TBOEP	ND	ND	ND	ND	ND	ND	ND	ND
EHDPP	1.56 ± 0.16	2.17 ± 0.11	3.19 ± 0.34	2.85 ± 0.39	1.34 ± 0.08	0.31 ± 0.04	0.44 ± 0.05	0.32 ± 0.03
TEHP	1.71 ± 0.03	1.61 ± 0.17	3.92 ± 0.57	1.95 ± 0.29	0.87 ± 0.03	ND	0.27 ± 0.01	ND
TPPO	1.77 ± 0.22	1.32 ± 0.20	3.49 ± 0.18	5.69 ± 0.68	4.21 ± 0.09	1.98 ± 0.08	18.7 ± 1.84	6.07 ± 0.40
TMPP	0.98 ± 0.08	1.31 ± 0.19	3.48 ± 0.42	2.78 ± 0.32	ND	ND	ND	ND
Σ OPEs	14.4 ± 1.99	16.8 ± 2.80	25.1 ± 1.86	26.8 ± 3.40	12.1 ± 0.64	5.89 ± 0.24	23.7 ± 2.50	10.5 ± 0.77

6.5 结论

本研究建立了一种可靠、简便的测定蔬菜中 13 种 OPEs 的基质固相分散萃取分析方法，该方法具有成本低廉、萃取净化一步到位、节省溶剂、处理时间短等优点。通过对分散剂的种类、洗脱溶剂的种类和体积、样品与分散剂的质量比等参数的优化，获得了最优的 MSPD 方法，该方法具有较高的准确度、精密度和选择性以及较低的方法检出限和方法定量限，并已成功应用于 8 种蔬菜的 OPEs 分析。

7 沈阳城市土壤中有机磷酸酯的污染特征

7.1 沈阳城市土壤中有机磷酸酯的含量水平和空间分布

采用均匀网格布点法于 2017 年 9 月采集了沈阳市中心城区（三环路以内）表层土壤样品 74 个，包括道路绿化带土壤样品 29 个、居民区土壤样品 18 个、旱地土壤样品 6 个、废弃地土壤样品 6 个、教育用地土壤样品 6 个、工业区土壤样品 5 个、城市公园土壤样品 2 个和农村宅基地土壤样品 2 个。每个土壤样品是由从同一采样点附近采集的 5 个子样品混装在一起形成的综合样品。在去除最上层植物覆盖物后，用不锈钢铲采集表层土壤样品（0~10 cm 深度），然后将样品冷冻干燥、研磨、过 1 mm 筛，采用本课题组建立的土壤中有机磷酸酯同时加速溶剂萃取与净化分析方法进行萃取与分析。

表 7.1 列出了沈阳城市土壤样品中 13 种 OPEs 的浓度，包括 3 种芳香基 OPEs（aryl–OPEs）、3 种氯代烷基 OPEs（Cl–OPEs）、6 种非氯代烷基 OPEs（alkyl–OPEs）以及合成中间体 TPPO。所有样品中都检测到了 OPEs，说明 OPEs 污染已经无处不在。13 种 OPEs 的浓度差异较大，浓度范围为 0.039~0.95 mg/kg，平均浓度和中位数分别为 0.23 mg/kg 和 0.16 mg/kg。在合成玻璃制造厂附近采集的旱地土壤中 OPEs 浓度最高，可能是因为这个工厂需要使用阻燃剂和增塑剂来提高合成玻璃的性能；在沈阳师范大学采集的教育用地土壤中 OPEs 浓度最低。

在 8 种不同的土地利用类型中，旱地土壤中的 OPEs 浓度最高，平均浓度为 0.52 mg/kg；其次是工业区土壤，平均浓度为 0.37 mg/kg；其次是废弃地土壤、农村宅基地土壤和居民区土壤，平均浓度分别为 0.30 mg/kg、0.29 mg/kg 和 0.23 mg/kg。道路绿化带土壤和教育用地土壤的 OPEs 浓度相对较低，平均浓度分别为 0.16 mg/kg 和 0.15 mg/kg。城市公园土壤中的 OPEs 浓度最低，平均浓度为 0.094 mg/kg。变异系数依次为：农村宅基地（0.27）＜废弃地（0.45）＜旱地（0.45）＜城市公园（0.63）＜道路绿化带（0.67）＜教育用地（0.74）＜居民区（0.78）＜工业区（0.83）。教育用地、居住区、工业区的变化较大，说明这些土地利用类型的 OPEs 污染主要来自人为污染源。土地利用类型不同，OPEs 的污染状况也不同，这与我国广州城市土壤中 OPEs 的分布情况类似（Cui 等，2017）。

在 4 类 OPEs 中，烷基 OPEs 的浓度范围为 0.016~0.70 mg/kg，平均浓度为 0.14 mg/kg；氯代 OPEs 的浓度范围为 0.009~0.26 mg/kg，平均浓度为 0.055 mg/kg；芳香基 OPEs 的浓度范围为 0.004~0.11 mg/kg，平均浓度为 0.026 mg/kg；TPPO 的浓度范围为 0.009~0.023 mg/kg，平均浓度为 0.011 mg/kg。烷基 OPEs 的浓度最高，其次是氯代 OPEs、芳香基 OPEs 和 TPPO。而且，在 8 种不同的土地利用类型中，也观察到了这种相同的趋势。但是在广州城市土壤中，芳香基 OPEs 的浓度高于氯代 OPEs（Cui 等，2017）。

图 7.1 为沈阳城市土壤中烷基 OPEs、氯代 OPEs、芳香基 OPEs 和 TPPO 的污染空间分布图。从图中可以看出，处于一环路以内的 OPEs 污染较低。OPEs 污染集中在二环路和三环路之间。而东部和西部的 OPEs 污染程度高于沈阳北部和南部。

进一步利用 ArcGIS 中的反距离加权插值法（IDW）来描述沈阳中心城区表层土壤中 OPEs 的空间分布（图 7.2）。OPEs 污染集中在沈阳东部和西部，而在北部和南部较低，这可能与沈阳的区域经济结构有关。大东区和铁西区是沈阳的工业基地，尤其铁西区是包括汽车工业在内的重工业基地，但沈北新区和浑南区的工业较少，服务贸易是其主要行业。此外，OPEs 污染也主要分布在二环以外，这可能是工业主要分布在二环以外的原因。

表 7.1 沈阳城市土壤中 OPEs 的浓度统计值

OPEs	居民区 (n=18)				工业区 (n=5)				城市公园 (n=2)				旱地 (n=6)			
	浓度范围 (mg/kg)	平均值±标准偏差 (mg/kg)	中位数 (mg/kg)	检出率 (%)	浓度范围 (mg/kg)	平均值±标准偏差 (mg/kg)	中位数 (mg/kg)	检出率 (%)	浓度范围 (mg/kg)	平均值±标准偏差 (mg/kg)	中位数 (mg/kg)	检出率 (%)	浓度范围 (mg/kg)	平均值±标准偏差 (mg/kg)	中位数 (mg/kg)	检出率 (%)
TEP	0.001~0.028	0.007±0.008	0.003	100	nd*~0.041	0.021±0.017	0.026	80	0.0009~0.013	0.007±0.008	0.007	100	0.006~0.052	0.020±0.016	0.014	100
TPP	0.0002~0.022	0.002±0.005	0.0002	100	0.0005~0.005	0.002±0.002	0.001	100	0.0002~0.0002	0.0004±0.000	0.0002	100	0.0003~0.002	0.0006±0.0005	0.0005	100
TIBP	0.0005~0.48	0.095±0.11	0.059	100	0.002~0.52	0.21±0.21	0.15	100	0.002~0.048	0.025±0.032	0.025	100	0.097~0.65	0.29±0.22	0.26	100
TNBP	0.0008~0.022	0.003±0.005	0.002	100	0.002~0.024	0.008±0.009	0.003	100	0.0007~0.002	0.001±0.0008	0.001	100	0.002~0.015	0.006±0.005	0.006	100
TEHP	0.004~0.019	0.008±0.004	0.007	100	0.007~0.017	0.010±0.004	0.008	100	0.006~0.007	0.006±0.0007	0.006	100	0.007~0.022	0.011±0.006	0.009	100
TBOEP	0.007~0.043	0.015±0.009	0.014	100	0.007~0.043	0.021±0.017	0.012	100	0.007~0.008	0.007±0.0008	0.007	100	0.010~0.036	0.018±0.009	0.017	100
TCEP	0.005~0.019	0.010±0.005	0.008	100	0.007~0.025	0.015±0.008	0.016	100	0.005~0.008	0.007±0.002	0.007	100	0.007~0.056	0.021±0.019	0.013	100
TCIPP	0.003~0.21	0.034±0.049	0.019	100	0.011~0.12	0.034±0.046	0.015	100	0.003~0.021	0.012±0.013	0.012	100	0.010~0.20	0.083±0.082	0.053	100
TDCPP	0.005~0.024	0.013±0.006	0.016	100	0.005~0.021	0.014±0.007	0.015	100	0.002~0.012	0.007±0.007	0.007	100	0.011~0.041	0.022±0.012	0.017	100
TPHP	0.0007~0.080	0.008±0.018	0.002	100	0.0005~0.014	0.006±0.006	0.002	100	0.0004~0.001	0.0008±0.0004	0.0008	100	0.003~0.014	0.007±0.005	0.005	100
EHDPP	0.002~0.017	0.008±0.005	0.007	100	0.001~0.042	0.013±0.016	0.008	100	0.002~0.004	0.003±0.002	0.003	100	0.004~0.050	0.014±0.018	0.008	100

续表

OPEs	居民区 (n=18)				工业区 (n=5)				城市公园 (n=2)				旱地 (n=6)			
	浓度范围 (mg/kg)	平均值±标准偏差 (mg/kg)	中位数 (mg/kg)	检出率 (%)	浓度范围 (mg/kg)	平均值±标准偏差 (mg/kg)	中位数 (mg/kg)	检出率 (%)	浓度范围 (mg/kg)	平均值±标准偏差 (mg/kg)	中位数 (mg/kg)	检出率 (%)	浓度范围 (mg/kg)	平均值±标准偏差 (mg/kg)	中位数 (mg/kg)	检出率 (%)
TMPP	0.002~0.016	0.011±0.005	0.013	100	nd*~0.018	0.007±0.007	0.006	80	0.006~0.013	0.009±0.005	0.009	100	nd*~0.022	0.011±0.010	0.010	66.7
TPPO	0.009~0.015	0.010±0.002	0.010	100	0.009~0.018	0.013±0.004	0.013	100	0.009~0.009	0.009±0.0004	0.009	100	0.009~0.013	0.011±0.002	0.010	100
ΣAlkyl-OPEs	0.020~0.57	0.13±0.13	0.085	100	0.032~0.61	0.27±0.24	0.21	100	0.016~0.077	0.046±0.043	0.046	100	0.14~0.70	0.35±0.21	0.32	100
ΣCl-OPEs	0.016~0.24	0.057±0.054	0.043	100	0.025~0.16	0.063±0.057	0.051	100	0.010~0.042	0.026±0.022	0.026	100	0.036~0.26	0.13±0.093	0.092	100
ΣAryl-OPEs	0.009~0.11	0.027±0.022	0.022	100	0.006~0.055	0.026±0.022	0.018	100	0.009~0.017	0.013±0.006	0.013	100	0.007~0.063	0.032±0.020	0.027	100
Σ_{13}OPEs	0.067~0.71	0.23±0.18	0.16	100	0.12~0.82	0.37±0.31	0.25	100	0.053~0.14	0.094±0.059	0.094	100	0.28~0.95	0.52±0.24	0.50	100

	废弃草地 (n=6)				教育用地 (n=6)				路边绿地 (n=29)				农村宅基地 (n=2)			
	浓度范围 (mg/kg)	平均值±标准偏差 (mg/kg)	中位数 (mg/kg)	检出率 (%)	浓度范围 (mg/kg)	平均值±标准偏差 (mg/kg)	中位数 (mg/kg)	检出率 (%)	浓度范围 (mg/kg)	平均值±标准偏差 (mg/kg)	中位数 (mg/kg)	检出率 (%)	浓度范围 (mg/kg)	平均值±标准偏差 (mg/kg)	中位数 (mg/kg)	检出率 (%)
	0.003~0.039	0.017±0.015	0.012	100	0.001~0.022	0.008±0.009	0.002	100	0.001~0.036	0.008±0.008	0.004	100	0.005~0.006	0.005±0.0003	0.005	100
	0.0002~0.001	0.0005±0.0004	0.0003	100	0.0002~0.0007	0.0004±0.0002	0.0003	100	0.0001~0.002	0.0004±0.0004	0.0003	100	0.0002~0.0003	0.0002±0.0001	0.0002	100

续表

废弃草地 (n=6)				教育用地 (n=6)				路边绿地 (n=29)				农村宅基地 (n=2)			
浓度范围 (mg/kg)	平均值±标准偏差 (mg/kg)	中位数 (mg/kg)	检出率 (%)	浓度范围 (mg/kg)	平均值±标准偏差 (mg/kg)	中位数 (mg/kg)	检出率 (%)	浓度范围 (mg/kg)	平均值±标准偏差 (mg/kg)	中位数 (mg/kg)	检出率 (%)	浓度范围 (mg/kg)	平均值±标准偏差 (mg/kg)	中位数 (mg/kg)	检出率 (%)
0.040~0.34	0.17±0.12	0.16	100	0.002~0.15	0.042±0.057	0.025	100	0.0006~0.47	0.048±0.085	0.037	100	0.075~0.16	0.12±0.060	0.12	100
0.001~0.026	0.007±0.009	0.003	100	0.0008~0.004	0.002±0.001	0.002	100	0.0006~0.010	0.003±0.002	0.002	100	0.001~0.002	0.002±0.0008	0.002	100
nd*~0.011	0.006±0.003	0.006	83.3	0.006~0.017	0.009±0.004	0.008	100	nd*~0.019	0.008±0.004	0.007	93.1	0.010~0.020	0.015±0.007	0.015	100
0.006~0.024	0.013±0.008	0.009	100	0.007~0.023	0.012±0.006	0.011	100	0.006~0.035	0.013±0.006	0.012	100	0.015~0.016	0.015±0.0006	0.015	100
0.006~0.037	0.012±0.012	0.008	100	0.005~0.033	0.013±0.012	0.006	100	nd*~0.035	0.010±0.009	0.007	96.6	0.016~0.020	0.018±0.003	0.018	100
0.019~0.061	0.034±0.015	0.030	100	0.001~0.051	0.015±0.018	0.009	100	0.003~0.072	0.017±0.014	0.013	100	0.023~0.053	0.038±0.021	0.038	100
0.008~0.017	0.011±0.003	0.011	100	0.002~0.019	0.012±0.007	0.012	100	0.003~0.033	0.013±0.007	0.013	100	0.011~0.017	0.014±0.004	0.014	100
0.001~0.009	0.003±0.003	0.002	100	0.0003~0.007	0.003±0.003	0.004	100	0.0004~0.026	0.005±0.006	0.003	100	0.007~0.023	0.015±0.011	0.015	100
0.002~0.022	0.007±0.008	0.003	100	0.004~0.022	0.009±0.007	0.007	100	0.002~0.025	0.009±0.007	0.005	100	0.009~0.026	0.018±0.012	0.018	100
nd*~0.014	0.009±0.007	0.013	66.7	nd*~0.023	0.010±0.008	0.010	83.3	nd*~0.019	0.011±0.006	0.013	86.2	0.020~0.021	0.021±0.0008	0.021	100
0.009~0.011	0.009±0.0009	0.009	100	0.009~0.017	0.011±0.003	0.009	100	0.009~0.023	0.012±0.004	0.010	100	0.010~0.011	0.011±0.0008	0.011	100

67

有机磷酸酯阻燃剂与增塑剂分析方法及其典型区域污染特征研究

续表

废弃草地 (n=6)				教育用地 (n=6)				路边绿地 (n=29)				农村宅基地 (n=2)			
浓度范围 (mg/kg)	平均值±标准偏差 (mg/kg)	中位数 (mg/kg)	检出率 (%)	浓度范围 (mg/kg)	平均值±标准偏差 (mg/kg)	中位数 (mg/kg)	检出率 (%)	浓度范围 (mg/kg)	平均值±标准偏差 (mg/kg)	中位数 (mg/kg)	检出率 (%)	浓度范围 (mg/kg)	平均值±标准偏差 (mg/kg)	中位数 (mg/kg)	检出率 (%)
0.071~0.43	0.21±0.14	0.21	100	0.017~0.21	0.073±0.069	0.052	100	0.017~0.51	0.080±0.090	0.063	100	0.11~0.20	0.16±0.067	0.16	100
0.033~0.11	0.058±0.027	0.054	100	0.009~0.10	0.039±0.033	0.027	100	0.012~0.12	0.040±0.025	0.036	100	0.060~0.080	0.070±0.014	0.070	100
0.005~0.031	0.019±0.009	0.018	100	0.004~0.039	0.022±0.013	0.019	100	0.004~0.059	0.024±0.013	0.019	100	0.036~0.071	0.054±0.024	0.054	100
0.15~0.51	0.30±0.13	0.30	100	0.039~0.36	0.15±0.11	0.12	100	0.052~0.61	0.16±0.11	0.13	100	0.23~0.35	0.29±0.078	0.29	100

*: nd: 浓度小于方法检出限。

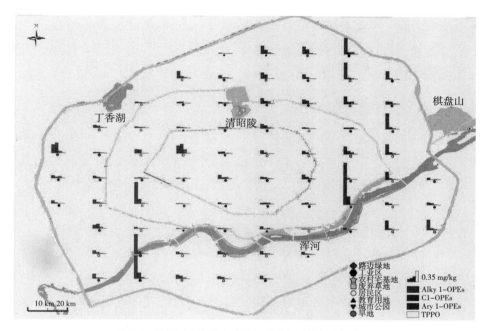

图 7.1　沈阳城市土壤中 OPEs 的含量水平与空间分布

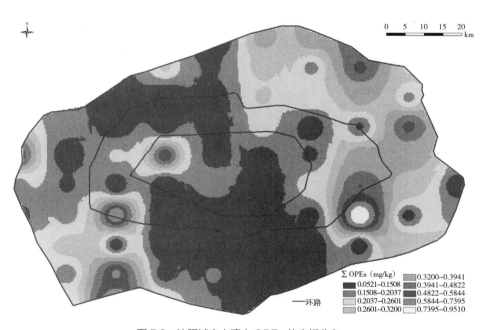

图 7.2　沈阳城市土壤中 OPEs 的空间分布

7.2 沈阳城市土壤中有机磷酸酯的组成特征、相关性和可能来源

在 13 种 OPEs 中，所有沈阳城市土壤样品中均检出了 TPP、TIBP、TNBP、TCIPP、TDCPP、TBOEP、TPHP、EHDPP 和 TPPO，而 TEP、TCEP、EHDPP 和 TMPP 的检出频率依次为 98.6%、98.6%、95.9% 和 86.5%。13 种 OPEs 的相对贡献率见图 7.3。显然，沈阳城市土壤中 TIBP 是最主要的 OPEs，占 $\sum_{13}$OPEs 的 42.0%；其次是 TCIPP、TBOEP 和 TDCPP，分别占 12.4%、6.31% 和 5.76%。这一结果与其他土壤中 OPEs 的分布情况不太一样，如中国广州（Cui 等，2017）、德国奥斯纳布吕克（Mihajlović 等，2011）和中国河北定州（Wan 等，2016）。在广州城市土壤中，TBOEP 是主要的贡献者，与定州（以塑料废弃物循环利用为主要产业）农田土壤中 OPEs 组成相似（Wan 等，2016；Cui 等，2017）。然而，在来自奥斯纳布吕克的大学校园土壤中，TCEP 是主要贡献者（Mihajlović 等，2011）；在从白令海峡收集的沉积物中，TIBP 是主要贡献者（Ma 等，2017）。造成这些组成差异的原因可能是研究者没有选择 TIBP 作为目标污染物，尤其是在广州和奥斯纳布吕克。但最重要的原因是不同地区的产业结构不同，导致 OPEs 的来源不同。TBP 包括 TIBP 和 TNBP，作为极压添加剂和抗磨剂广泛应用于液压油、润滑油、变速箱油和机油中（Regnery 等，2011）。除了作为液压油的主要成分外，TBP 还被用作混凝土中的消泡剂、酪蛋白胶水中的润湿剂和颜料膏的糊化剂（Marklund 等，2005）。

TCEP、TCIPP、TBOEP 和 TDCPP 的合计贡献率为 30.1%。在 OPEs 中，TCIPP、TBOEP 和 TDCPP 被怀疑具有致癌性（Van der Veen 等，2012；WHO，1998；WHO，2000），TCEP 被观察到具有神经毒性作用（WHO，1998）。而氯代 OPEs（TCIPP、TDCPP 和 TCEP）不易降解，可能在环境中具有持久性（Wei 等，2015；Gao 等，2016；Luo 等，2016）。TCIPP、TDCPP 和 TCEP 一般应用于柔性和刚性聚氨酯泡沫中；TBOEP 广泛用于地板蜡，并作为乙烯基塑料和橡胶塞的增塑剂（Marklund 等，2003）。然而，到目前为止，中国还没有关于这些 OPEs 使用的法规（Gao 等，2016；Wu 等，2016）。遗憾的是，目前也没有沈阳关于 OPEs 生产和使用的相关信息。

相关性分析可提供有关环境介质中各 OPEs 之间的相互关系，从而提供有关这些化合物可能来源的信息。采用 SPSS 统计软件包（SPSS Inc.，19.0），对 13 种 OPEs 的浓度数据进行 Spearman 相关分析（双侧），相关系数及显著性水平见表 7.2。从表中可以看出，大部分 OPEs 之间呈现显著的正相关关系，但相关系数较弱或中等。在进行相关分析时，如果样本数较多，即使相关系数较小，其相关性也是显著的（Taylor，1990）。一般来说，相关系数在 0.68 ~ 1 之间的，一般认为是强相关或高相关（Taylor，1990）。根据这个标准，TEP、TNBP、TCEP 和 TCIPP 具有很强的相关性，这表明它们可能来自相似的来源。

TBOEP、TDCPP 和 TPHP 也有很强的相关性。但 TMPP 和 TPPO 与其他 OPEs 的相关性较弱，说明 TMPP 和 TPPO 与其他 OPEs 的来源不同。特别是作为合成中间体的 TPPO，其弱相关性表明 OPEs 不是 TPPO 的潜在来源，TPPO 可能直接来自生产过程污染（Wang 等，2015a，b）。

为了进一步调查本研究中 OPEs 的可能污染来源，对 OPEs 浓度矩阵进行了主成分分析（PCA）。采用方差最大旋转（Varimax Rotation）方法进行 PCA 分析，以获得各 OPEs 之间的相互关系。将特征值大于 1.0 的成分视为主成分（PC），总共提取了 3 个 PC，占总方差的 77.8%，其中 PC1、PC2 和 PC3 分别为 43.4%、20.8% 和 13.6%，得分图见图 7.4。PC1 占总方差的 43.4%，其特点是 EHDPP、TDCPP、TPPO 和 TEHP 的载荷较高（得分 $\geqslant 0.691$）。据报道，EHDPP、TDCPP、TPPO 和 TEHP 是空气、大气颗粒物和粉尘中的主要 OPEs（Brommer 等，2015；Clark 等，2017；Castrojiménez 等，2014；Faiz 等，2016）。同时，在环渤海地区的 40 条河流中都检测到了 TPPO，TPPO 还是一些河流中最主要的 OPEs（Wang 等，2015a）。因此，PC1 表明这些在沈阳城市土壤中普遍存在的 OPEs 是由大气沉降造成的。PC2 占总方差的 20.8%，且 TCIPP、TIBP、TEP 和 TCEP 的载荷较高（得分 $\geqslant 0.671$）。据报道，TCIPP、TEP 和 TCEP 是中国饮用水和地表水中最主要的 OPEs，TIBP 也经常在地表水中检测到（Wang 等，2015a；Ding 等，2016；Shi 等，2016）。此外，据报道，TCEP 是车辆交通排放的来源（Van der Veen 和 De Boer，2012；Wei 等，2015）。因此，PC2 被认为是地表径流和车辆交通排放的综合。PC3 占总方差的 13.6%，且 TMPP 负荷较高（得分 $\geqslant 0.830$），而 TMPP 是中国废水和污泥中丰富的 OPEs（Zeng 等，2015；Gao 等，2016；Zeng 等，2014）。因此，PC3 被认为是废水/再生水灌溉和污泥农用造成的。综上，PCA 表明，沈阳城市土壤中 OPEs 的污染来源不同。

绝对主成分得分-多元线性回归（APCS-MLR）受体建模技术是一种可以定量描述 PCA 识别的污染源贡献的方法，被广泛用于大气、水、土壤环境中的污染源分析（Mustaffa 等，2014；Haji 等，2016；Luo 等，2015）。因此，本研究采用 APCS-MLR 来定量描述 PC1、PC2 和 PC3 的贡献。多重相关系数的平方（R^2）为 0.843，说明模型预测浓度与实测浓度的一致性较好，源解析结果可靠（Simeonov 等，2003）。根据 APCS-MLR 的结果，大气沉降（PC1）、地表径流和车辆交通排放（PC2）以及废水/再生水灌溉和污泥农用（PC3）分别占 62.4%、17.6% 和 20.0%。

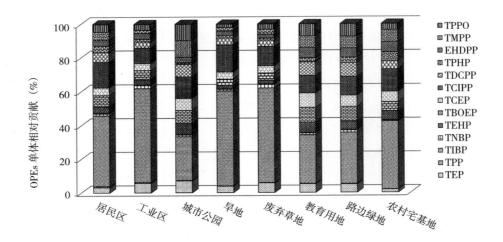

图 7.3　沈阳城市土壤中 13 种 OPEs 单体的相对贡献

表 7.2　单体 OPEs 的相关性分析

	TEP	TPP	TIBP	TNBP	TEHP	TBOEP	TCEP	TCIPP	TDCPP	TPHP	EHDPP	TMPP	TPPO
TEP	1.000	0.557**	0.591**	0.689**	0.398**	0.332**	0.740**	0.698**	0.453**	0.519**	0.103	0.114	0.309**
TPP	0.557**	1.000	0.302**	0.620**	0.255*	0.274*	0.367**	0.336**	0.377**	0.410**	0.245*	−0.0125	0.314**
TIBP	0.591**	0.302**	1.000	0.593**	0.352**	0.469**	0.575**	0.666**	0.253*	0.421**	−0.0081	0.244*	−0.0177
TNBP	0.689**	0.620**	0.593**	1.000	0.450**	0.504**	0.521**	0.558**	0.468**	0.558**	0.265*	0.0848	0.277*
TEHP	0.398**	0.255*	0.352**	0.450**	1.000	0.598**	0.410**	0.299**	0.486**	0.677**	0.590**	0.214	0.392**
TBOEP	0.332**	0.274*	0.469**	0.504**	0.598**	1.000	0.385**	0.371**	0.575**	0.732**	0.479**	0.215	0.386**
TCEP	0.740**	0.367**	0.575**	0.521**	0.410**	0.385**	1.000	0.768**	0.503**	0.536**	0.0759	0.260*	0.431**
TCIPP	0.698**	0.336**	0.666**	0.558**	0.299**	0.371**	0.768**	1.000	0.351**	0.498**	−0.0731	0.338**	0.140
TDCPP	0.453**	0.377**	0.253*	0.468**	0.486**	0.575**	0.503**	0.351**	1.000	0.790**	0.519**	0.117	0.587**
TPHP	0.519**	0.410**	0.421**	0.558**	0.677**	0.732**	0.536**	0.498**	0.790**	1.000	0.675**	0.302**	0.588**
EHDPP	0.103	0.245*	−0.0081	0.265*	0.590**	0.479**	0.0759	−0.0731	0.519**	0.675**	1.000	0.0762	0.595**
TMPP	0.114	−0.0125	0.244*	0.0848	0.214	0.215	0.260*	0.338**	0.117	0.302**	0.0762	1.000	0.229*
TPPO	0.309**	0.314**	−0.0177	0.277*	0.392**	0.386**	0.431**	0.140	0.587**	0.588**	0.595**	0.229*	1.000

**：显著相关性，$P < 0.01$，*：显著相关性，$P < 0.05$。

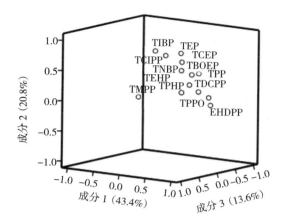

图 7.4 沈阳城市土壤中 OPEs 主成分分析的得分图

7.3 沈阳城市土壤中有机磷酸酯污染与其他研究区的比较

许多研究已经讨论了 OPEs 在粉尘、空气和水中的浓度和归趋，然而土壤中 OPEs 的数据有限（Wei 等，2015）。图 7.5 和表 7.3 列出了土壤样品中 OPEs 浓度的现有数据（Wan 等，2016；Cui 等，2017；Mihajlović 等，2011；Matsukami 等，2015；Cho 等，1996；Yin 等，2016；He 等，2017；Yadav 等，2017）。从图 7.5 中可以看出，沈阳城市土壤中 OPEs 平均浓度低于中国河北省塑料垃圾处理场（Wan 等，2016）和越南裴道电子垃圾回收

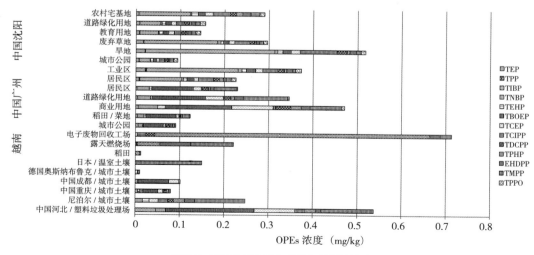

图 7.5 不同地区土壤中 OPEs 的污染情况

73

车间土壤中的浓度，但与越南裴道露天焚烧场（Matsukami 等，2015）、中国广州（Cui 等，2017）和尼泊尔（Yadav 等，2017）土壤中的浓度相似。而与日本的温室（Cho 等，1996）、德国奥斯纳布吕克市中心附近的大学校园（Mihajlović 等，2011）、中国成都和重庆的土壤中（Yin 等，2016；He 等，2017）相比，沈阳城市土壤中 OPEs 污染水平较高。此外，本研究中不同土地利用类型的 OPEs 污染水平与中国广州相似。

7.4 沈阳城市土壤中有机磷酸酯的健康风险评价

7.4.1 健康风险评价方法与参数

健康风险评价是用来评价环境污染物对人体健康的危害程度。根据毒性，污染物的风险分为非致癌风险和致癌风险。非致癌风险和致癌风险分别用危险商（HQ）和癌症风险（CR）来定量描述（USEPA，2011）。

就表层土壤而言，污染物可通过 3 种暴露途径影响人体健康，包括经口摄取、皮肤接触和呼吸吸入。为了评估人体的暴露水平，通过这 3 种途径的慢性每日摄入量（CDI）按以下公式计算：

$$CDI_{\text{ingestion}} = \frac{C_{\text{soil}} \times IR \times CF \times ED \times EF}{BW \times AT} \tag{1}$$

$$CDI_{\text{dermal contact}} = \frac{C_{\text{soil}} \times CF \times SA \times AF \times ABS \times ED \times EF}{BW \times AT} \tag{2}$$

$$CDI_{\text{inhalation}} = \frac{C_{\text{soil}} \times HR \times ED \times EF}{PEF \times BW \times AT} \tag{3}$$

其中 $CDI_{\text{ingestion}}$、$CDI_{\text{dermal contact}}$、$CDI_{\text{inhalation}}$ 是指每天通过经口摄取、皮肤接触和呼吸吸入等暴露途径的慢性摄入量，mg/（kg·d）。C_{soil} 为土壤中 OPEs 的浓度，mg/kg；IR 为摄取率，mg/d；EF 为暴露频率，d/a；ED 为暴露持续时间，a；BW 为暴露者体重，kg；AT 为平均时间，d。HR 为空气吸入率，m^3/d；PEF 为颗粒物排放系数，m^3/kg；SA 为暴露皮肤表面积，cm^2；AF 为皮肤相对附着系数，mg/cm^2；ABS 为皮肤吸收系数，无单位；CF 为换算系数，等于 10^{-6} kg/mg。参数值见表 7.4，儿童（1~17 岁）和成人（18 岁以上）的参数值不同。

表7.3 不同地区土壤中OPEs的污染水平

	TEP	TPP	TIBP	TNBP	TEHP	TBOEP	TCEP	TCIPP	TDCPP	TPHP	EHDPP	TMPP	TPPO	ΣOPEs
最小值	u.d.l	0.0001	0.0005	0.0006	u.d.l	0.0059	u.d.l	0.0013	0.0015	0.0003	0.0013	u.d.l	0.0086	0.0387
平均值	0.0102	0.0008	0.1003	0.0037	0.0084	0.0146	0.0121	0.0294	0.0133	0.0059	0.0093	0.0107	0.0110	0.2298
中位数	0.0051	0.0003	0.0476	0.0021	0.0072	0.0119	0.0076	0.0153	0.0135	0.0026	0.0054	0.0128	0.0099	0.1562
最大值	0.0521	0.0216	0.6524	0.0258	0.0221	0.0432	0.0561	0.2093	0.0410	0.0795	0.0500	0.0229	0.0226	0.9522
标准偏差	0.0111	0.0026	0.1362	0.0049	0.0042	0.0083	0.0098	0.0398	0.0072	0.0101	0.0089	0.0063	0.0029	0.1859
变异系数	1.0844	3.1463	1.3573	1.3116	0.4980	0.5634	0.8098	1.3533	0.5404	1.7294	0.9613	0.5933	0.2622	0.8089
中国广州（城市土壤）[a]	0.0046	—	—	0.0248	0.0066	0.0958	0.0324	0.0024	0.0144	0.0078	0.0118	0.0484	0.0030	0.2520
中国重庆（城市土壤）[b]	0.0057	0.0045	—	0.0035	0.0036	0.0339	0.0113	0.0033	0.0050	0.0048	0.0042	—	—	0.0798
中国成都（城市土壤）[c]	—	—	—	0.0055	0.0024	0.0680	0.0231	—	—	0.0026	—	—	—	0.1015
德国奥斯纳布吕克（城市土壤）[d]	—	—	—	—	—	—	0.0050	0.0012	—	0.0036	—	—	—	0.0098
尼泊尔（城市土壤）[e]	—	—	0.0169	—	0.0145	—	0.0212	0.0215	0.0126	0.0253	0.0232	0.1130	—	0.2482
土耳其布尔萨（城市土壤）[f]	—	—	—	—	—	—	—	—	—	—	—	—	—	0.2710

续表

	TEP	TPP	TIBP	TNBP	TEHP	TBOEP	TCEP	TCIPP	TDCPP	TPHP	EHDPP	TMPP	TPPO	ΣOPEs
中国三峡库区（农田土壤）[g]	0.0002	0.0013	—	0.0035	0.0075	0.0001	0.0012	0.0069	0.0003	0.0002	0.0492	0.1960	—	0.2663
越南（农田土壤）[h]	—	—	—	—	—	—	—	—	—	0.0100	—	0.0023	—	0.0123
土耳其布尔萨（农田土壤）[f]	—	—	—	—	—	—	—	—	—	—	—	—	—	0.0410
中国河北（塑料废弃物处理场）[j]	—	—	0.0470	0.0220	—	0.2000	0.0920	0.0210	—	0.0260	0.0110	0.1190	—	0.5380
越南（电子垃圾处理厂）[h]	—	—	—	—	—	—	0.0040	0.0190	0.0210	0.6200	0.0240	0.0250	—	0.7130

u.d.l, 低于检出限。a. 数据来自 Cui et al. (2017)；b. 数据来自 He et al. (2017a)；c. 数据来自 Yin et al. (2016)；d. 数据来自 Mihajlović et al. (2011)；e. 数据来自 Matsukami et al. (2015)；f. 数据来自 Kurt-karakus et al.; (2017)；g. 数据来自 Yadav et al. (2017)；h. 数据来自 He et al. (2017b)；j. 数据来自 Wan et al. (2016)。

表 7.4　健康风险评价使用的相关参数

参数	单位	暴露人群		参考文献
		儿童	成人	
IR	mg/d	50	20	USEPA, 2011; Jiang 等, 2017; Abdallah 等, 2014
EF	d/a	350	350	USDoE, 2014
ED	a	6	24	USEPA, 2011; Jiang 等, 2017; Wang 等, 2018b
BW	kg	29	63	Jiang 等, 2017; MEPC, 2013
AT	d	2190 (non−carcinogenic) 25550 (carcinogenic)	8760 (non−carcinogenic) 25550 (carcinogenic)	USEPA, 2011
HR	m^3/d	7.6	16	MEPC, 2013
PEF	m^3/kg	1.4×10^9	1.4×10^9	USEPA, 2017
SA	cm^2	2800	5700	USEPA, 2002
AF	mg/cm^2	0.2	0.07	USEPA, 2011
ABS	unitless	0.1	0.1	USEPA, 2017
GIABS	unitless	1	1	USEPA, 2017

对于非致癌风险，HQ 等于 CDI 除以相应的参考剂量（RfD）。由于缺乏证据表明 OPEs 的相互影响，总危险指数（THI）的计算方法是将所有 OPEs 的 HQ 相加。

$$HQ = HQ_{\text{ingestion}} + HQ_{\text{dermal contact}} + HQ_{\text{inhalation}}$$
$$= \frac{CDI_{\text{ingestion}}}{RfD} + \frac{CDI_{\text{dermal contact}}}{RfD \times GIABS} + \frac{CDI_{\text{inhalation}}}{RfC} \tag{4}$$

$$THI = \sum HQ_x \tag{5}$$

其中，RfD 为相应的经口摄入参考剂量，mg/（kg·d）；GIABS 为胃肠吸收系数，无单位；RfC 为相应的呼吸吸入参考浓度，mg/m^3；x 表示污染物的数量。

对于致癌风险，CR 是由 CDI 乘以相应暴露途径的致癌系数（SF）来确定的。基于同样的原因，总致癌风险（TCR）的计算是将每个 OPEs 的 CR 相加。

$$CR = CR_{\text{ingestion}} + CR_{\text{dermal contact}} + CR_{\text{inhalation}}$$
$$= CDI_{\text{ingestion}} \times SFO + CDI_{\text{dermal contact}} \times \frac{SFO}{GIABS} + CDI_{\text{inhalation}} \times IUR \tag{6}$$

$$TCR = \sum CR_x \tag{7}$$

其中，*SFO* 为对应的经口摄入致癌系数，mg/（kg·d）；*IUR* 为对应的呼吸吸入致癌系数，μg/m^3。

由于缺乏大多数 OPEs 的 RfC 和 IUR 数据，以往的研究没有计算吸入 OPEs 产生的健康风险（Van der Veen I 等，2012；Ali 等，2012；Li 等，2018a）。同样，本研究也没有考虑吸入造成的风险。此外，以往研究中未报道 TPP、TIBP 和 EHDPP 的 RfD，因此采用这 3 种 OPEs 的无效应浓度（NOAEL）来计算 RfD，计算方法为 NOAEL 除以 1000（Ali 等，2012）。简而言之，TEP、TPP、TIBP、TBOEP、TCIPP、TDCPP、TPHP、EHDPP、TMPP 和 TPPO 的 RfD 分别为 0.125（Ding 等，2015）、0.009（Berdasco 等，2011）、0.1（Buckman 等，1999）、0.02（Ali 等，2012）、0.01（USEPA，2017）、0.02（USEPA，2017）、0.07（Ali 等，2012）、0.005（EFSA，2005）、0.02（Yu 等，2017） 和 0.02 mg/（kg·d）（USEPA，2017）。TNBP、TEHP 和 TCEP 的 SFO 分别为 0.009、0.0032 和 0.02［mg/（kg·d）］（USEPA，2017）。

在 13 种 OPEs 中，TCEP、TDCPP 和 TBOEP 被认为是潜在的致癌物（Stapleton 等，2012），但由于缺乏其 SFO，之前的一项研究（Li 等，2018a）将 TDCPP 和 TBOEP 视为非致癌物来评估其风险；值得注意的是，美国环保局公布了 TNBP、TEHP 和 TCEP 的 SFO（USEPA，2017）。因此，本研究评估了 TNBP、TEHP 和 TCEP 的致癌风险，以及包括 TDCPP 和 TBOEP 在内的其他 OPEs 的非致癌风险。

此外，由于有些参数的不确定性，可能对健康风险评估产生很大影响。为了评估参数的敏感性，我们应用了基于蒙特卡洛随机模拟的 Crystal Ball Ⅲ软件来进行敏感性分析。在本研究中，IR、SA、AF、ABS、EF 和 BW 等参数被视为随机变量。

7.4.2 致癌风险评价

评估了成人和儿童通过经口摄入和皮肤接触两种暴露途径暴露于这 3 种致癌 OPEs 的致癌风险，结果见表 7.5。成人和儿童的总致癌风险分别为 $2.30 \times 10^{-11} \sim 4.16 \times 10^{-10}$ 和 $2.21 \times 10^{-11} \sim 4.00 \times 10^{-10}$。成人的致癌风险略高于儿童，但均远低于可接受的致癌风险水平（10^{-6}）（USEPA，2002）。这说明，OPEs 的致癌风险可以忽略不计。在两种暴露途径中，通过皮肤接触的风险高于经口摄入，但并没有高出很多，说明皮肤接触和摄入是同样重要的暴露途径。在 3 种致癌 OPEs 中，TCEP 的风险最高，占总风险值的 80% 以上。因此，应重点关注 TCEP 的污染问题。

为了直观地评价研究区域内 OPEs 的致癌风险，利用 ArcGIS 中的 IDW 方法绘制了沈阳城市土壤 OPEs 污染的致癌风险图（图 7.6A）。致癌风险具有明显的区域分布特征。沈阳东北角和西南角的致癌风险较高，而北部和南部的风险较低。成人致癌风险的空间分布与儿童相似，致癌风险的空间分布也与 OPEs 浓度的空间分布相似。

7.4.3　非致癌风险评价

在获得 10 种非致癌性 OPEs 的 RfD 后，评估了成人和儿童通过经口摄入和皮肤接触暴露的非致癌风险，结果见表 7.5。成人和儿童的 THI 分别在 $1.61 \times 10^{-6} \sim 2.84 \times 10^{-5}$ 和 $6.17 \times 10^{-6} \sim 1.09 \times 10^{-4}$ 之间。儿童的非致癌风险高于成人，约为成人的 5 倍，但远低于非致癌风险的可接受水平（1）（USEPA，2002），这说明沈阳城市表层土壤中的 OPEs 不会对人体构成非致癌风险。在两种暴露途径中，皮肤接触暴露的风险高于经口摄入，但并没有高出很多，说明皮肤接触和经口摄入是同等重要的暴露途径。在 10 种非致癌 OPEs 中，风险最高的是 TCIPP，其次是 EHDPP 和 TIBP。这 3 种 OPEs 的风险明显高于其他 OPEs。因此，应重点关注 TCIPP、EHDPP 和 TIBP 的污染情况。

应用 ArcGIS 中的 IDW 绘制了沈阳城市土壤中 OPEs 污染的非致癌风险图（图 7.6B）。沈阳 OPEs 的非致癌风险分布比较均匀，高风险和低风险的地区较少，大部分地区的非致癌风险处于中等水平。成人非致癌风险的空间分布与儿童相似，但与致癌风险的空间分布不同。

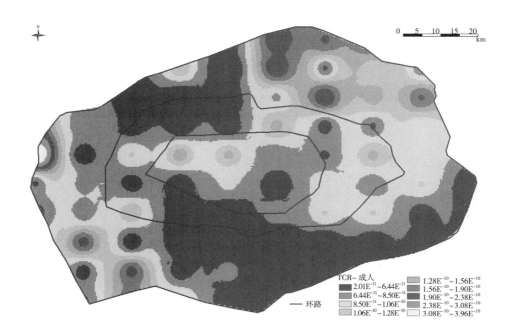

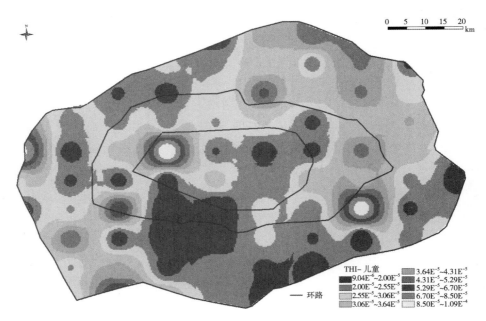

图 7.6　致癌风险（A）和非致癌风险（B）的空间分布

7.4.4　灵敏度分析

采用敏感性分析来定量评估不同暴露途径中参数的变异性和不确定性对风险评估的影响，致癌风险和非致癌风险的敏感性分析结果分别见图 7.7。OPEs 浓度是最敏感的参数，对风险的总方差贡献最大。对于致癌风险来说，TCEP 浓度是影响最大的变量，对成人和儿童致癌风险评估总方差的贡献率分别为 89.52% 和 88.42%。对于非致癌风险来说，TCIPP、EHDPP 和 TIBP 的浓度是影响最大的变量，分别贡献了成人非致癌风险评估总方差的 53.17%、23.66% 和 14.05%，分别贡献了儿童非致癌风险评估总方差的 52.6%、25.14% 和 13.34%。该结果与以往关于其他污染的研究相似，表明污染物浓度是风险评估中最敏感的参数（Yang 等，2014b）。因此，控制 OPEs，尤其是 TCEP、TCIPP、EHDPP 和 TIBP 的污染浓度，是降低 OPEs 健康风险的最有效途径。

表 7.5　致癌风险和非致癌风险评价结果

化合物	成人						儿童					
	经口摄入		皮肤接触		总致癌风险/总危险熵		经口摄入		皮肤接触		总致癌风险/总危险熵	
	最小值	最大值	最小值	最大值	最小值	最大值	最小值	最大值	最小值	最大值	最小值	最大值
TNBP	5.51×10^{-13}	2.42×10^{-11}	1.10×10^{-12}	4.83×10^{-11}	1.65×10^{-12}	7.26×10^{-11}	7.48×10^{-13}	3.29×10^{-11}	8.40×10^{-13}	3.69×10^{-11}	1.59×10^{-12}	6.98×10^{-11}
TEHP	0.00	7.38×10^{-12}	0.00	1.47×10^{-11}	0.00	2.21×10^{-11}	0.00	1.00×10^{-11}	0.00	1.12×10^{-11}	0.00	2.12×10^{-11}
TCEP	0.00	1.17×10^{-10}	0.00	2.34×10^{-10}	0.00	3.51×10^{-10}	0.00	1.59×10^{-10}	0.00	1.78×10^{-10}	0.00	3.37×10^{-10}
TCR					2.30×10^{-11}	4.16×10^{-10}					2.21×10^{-11}	4.00×10^{-10}
TEP	0.00	1.27×10^{-7}	0.00	2.53×10^{-7}	0.00	3.80×10^{-7}	0.00	6.89×10^{-7}	0.00	7.72×10^{-7}	0.00	1.461×10^{-6}
TPP	4.17×10^{-9}	7.32×10^{-7}	8.33×10^{-9}	1.46×10^{-6}	1.25×10^{-8}	2.19×10^{-6}	2.27×10^{-8}	3.98×10^{-6}	2.54×10^{-8}	4.45×10^{-6}	4.81×10^{-8}	8.43×10^{-6}
TIBP	1.39×10^{-9}	1.99×10^{-6}	2.78×10^{-9}	3.96×10^{-6}	4.17×10^{-9}	5.95×10^{-6}	7.57×10^{-9}	1.08×10^{-5}	8.48×10^{-9}	1.21×10^{-5}	1.61×10^{-8}	2.29×10^{-5}
TBOEP	9.05×10^{-8}	6.57×10^{-7}	1.80×10^{-7}	1.31×10^{-6}	2.71×10^{-7}	1.97×10^{-6}	4.91×10^{-7}	3.57×10^{-6}	5.50×10^{-7}	4.00×10^{-6}	1.04×10^{-6}	7.57×10^{-6}
TCIPP	4.01×10^{-8}	6.37×10^{-6}	8.00×10^{-8}	1.27×10^{-5}	1.20×10^{-7}	1.91×10^{-5}	2.18×10^{-7}	3.46×10^{-5}	2.44×10^{-7}	3.88×10^{-5}	4.61×10^{-7}	7.34×10^{-5}
TDCPP	2.30×10^{-8}	6.24×10^{-7}	4.59×10^{-8}	1.24×10^{-6}	6.89×10^{-8}	1.87×10^{-6}	1.25×10^{-7}	3.39×10^{-6}	1.40×10^{-7}	3.79×10^{-6}	2.65×10^{-7}	7.18×10^{-6}
TPHP	1.35×10^{-9}	3.46×10^{-7}	2.69×10^{-9}	6.90×10^{-7}	4.04×10^{-9}	1.04×10^{-6}	7.33×10^{-9}	1.88×10^{-6}	8.21×10^{-9}	2.10×10^{-6}	1.55×10^{-8}	3.98×10^{-6}
EHDPP	7.96×10^{-8}	3.04×10^{-6}	1.59×10^{-7}	6.07×10^{-6}	2.38×10^{-7}	9.11×10^{-6}	4.32×10^{-7}	1.65×10^{-5}	4.84×10^{-7}	1.85×10^{-5}	9.17×10^{-7}	3.50×10^{-5}
TMPP	0.00	3.48×10^{-7}	0.00	6.95×10^{-7}	0.00	1.04×10^{-6}	0.00	1.89×10^{-6}	0.00	2.12×10^{-6}	0.00	4.01×10^{-6}
TPPO	1.30×10^{-7}	3.43×10^{-7}	2.60×10^{-7}	6.85×10^{-7}	3.90×10^{-7}	1.03×10^{-6}	7.08×10^{-7}	1.86×10^{-6}	7.92×10^{-7}	2.09×10^{-6}	1.50×10^{-6}	3.95×10^{-6}
THI					1.61×10^{-6}	2.84×10^{-5}					6.17×10^{-6}	1.09×10^{-4}

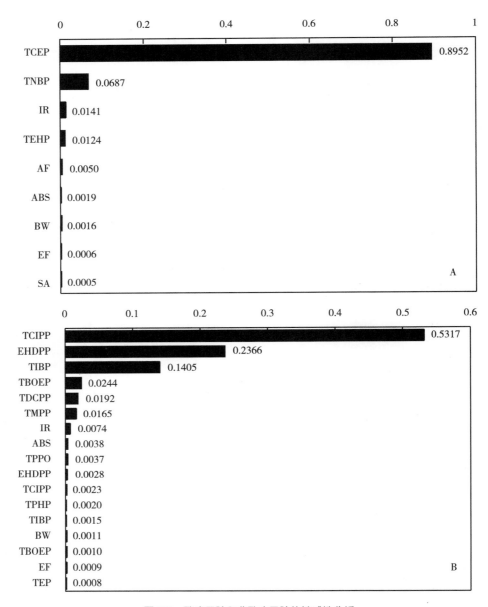

图 7.7　致癌风险和非致癌风险的敏感性分析

7.5　结论

　　OPEs 污染广泛存在于沈阳城市土壤中，不同土地利用类型土壤中 OPEs 的污染水平不同。从空间分布上看，OPEs 污染主要集中在二环和三环之间，东部和西部的污染水平高于北部和南部。TIBP、TCIPP、TBOEP 和 TDCPP 是含量最高的 OPEs。PCA 和 APCS–MLR 分析表明，研究地区土壤中的 OPEs 可能来自大气沉降、地表径流和车辆交通排放，以及废水／再生水灌溉和污泥农用，它们的贡献率分别为 62.4%、17.6% 和 20.0%。与其他研究结果相比，沈阳城市土壤中 OPEs 的污染水平与广州相似，但污染程度高于其他城市。OPEs 的致癌和非致癌风险均远小于可接受水平，说明沈阳城市表土中的 OPEs 不会对人体造成不良影响。TCEP 是最主要的致癌物，TCIPP、EHDPP 和 TIBP 是最主要的非致癌物。OPEs 浓度对总风险方差的贡献率最大，是最敏感的参数；其中，TCEP 是对致癌风险影响最大的变量，而 TCIPP、EHDPP 和 TIBP 是对非致癌风险影响最大的变量。

8 辽河干流河岸带土壤中有机磷酸酯的污染特征

8.1 辽河干流河岸带土壤中有机磷酸酯的含量水平

于 2018 年 6 月使用不锈钢铲采集了 24 个辽河干流河岸带表层土壤（0～10 cm）样品。土壤样品采集后立即带回实验室，经冷冻干燥、研磨后过 1 mm 筛，采用本课题组建立的土壤中有机磷酸酯同时加速溶剂萃取与净化分析方法进行萃取与分析。

辽河干流河岸带土壤中 OPEs 的含量如表 8.1 所示。13 种 OPEs 在 24 个采样点中均检出，总浓度范围为 19.6～89.4 ng/g，中位数浓度为 38.8 ng/g，平均浓度为 44.2 ng/g。烷基 OPEs（Alkyl–OPEs）是最主要的化合物，占总浓度的 66.9%，远高于 TPPO（12.8%）、芳香基 OPEs（Aryl–OPEs，10.5%）和氯代 OPEs（Cl–OPEs，9.77%）。TNBP 是辽河干流河岸带土壤中平均浓度最高的单体，浓度范围为 3.96～53.0 ng/g，最高比例为总浓度的 70.3%。TNBP 作为阻燃剂和增塑剂广泛应用于消泡剂、液压油、塑料和涂料中（Van der Veen 等，2012），有研究指出 TNBP 是飞机液压油的重要组分部分，占比高达 79%（ATSDR，1997）。此外，TNBP 还可作为金属配合物的萃取剂，润滑油和传动油中的极压添加剂和抗磨剂（Marklund 等，2003）。因此，辽河流域可能存在着与这些行业相关的产业结构。

表 8.1 辽河干流河岸带土壤中 OPEs 的含量

化合物	最小值	最大值	中值（$n=24$）	平均值（$n=24$）	标准偏差（$n=24$）
TEP	0.82	14.1	1.34	2.79	3.61
TPP	0.48	3.31	0.99	1.24	0.77
TIBP	0.38	11.1	4.48	3.92	3.26
TNBP	3.96	53.0	5.35	13.4	16.5
TEHP	1.32	19.4	2.24	3.48	3.87
TBOEP	0.20	29.6	1.93	4.76	6.98

化合物	最小值	最大值	中值（$n=24$）	平均值（$n=24$）	标准偏差（$n=24$）
TCEP	0.94	3.83	1.37	1.56	0.59
TCIPP	0.42	3.80	1.64	1.63	0.99
TDCPP	0.47	5.26	0.89	1.13	1.06
TPHP	0.46	2.61	0.96	1.07	0.61
EHDPP	0.68	5.93	2.64	2.43	1.37
TMPP	0.34	3.18	1.19	1.13	0.67
TPPO	0.63	28.3	2.08	5.67	7.07
∑Alkyl–OPEs	8.93	71.7	26.2	29.6	20.8
∑Cl–OPEs	2.42	8.81	3.52	4.32	1.89
∑Aryl–OPEs	1.51	9.21	4.35	4.63	1.85
∑$_{13}$OPEs	19.6	89.4	38.8	44.2	19.9

截至目前，仅有关于三峡库区消落带土壤中 OPEs（498 ng/g）的报道（何明靖等，2017），与其相比，辽河干流河岸带土壤 OPEs 含量明显较低。而与其他类型的土壤相比，辽河干流河岸带土壤中的 OPEs 含量显著低于广州（240 ng/g）（Cui 等，2017）、沈阳（230 ng/g）（Luo 等，2018a）和尼泊尔城市土壤（248 ng/g）（Yadav 等，2018a），以及三峡库区农田（272 ng/g）（何明靖等，2017），与重庆（46.4 ng/g）（杨志豪等，2018）和成都城市土壤（99.9 ng/g）（印红玲等，2016）处在一个数量级上，略高于德国奥斯纳布吕克大学校园土壤（9.80 ng/g）（Mihajlović 等，2011）和越南兴安稻田土壤（12.3 ng/g）（Matsukami 等，2015）。从各 OPEs 单体来看，TBOEP、TIBP 和磷酸三（甲基苯基）酯［tris（methyl phenyl）phosphate，TMPP］分别是广州、沈阳和尼泊尔城市土壤中含量最高的 OPEs 单体（Cui 等，2017；Luo 等，2018a；Yadav 等，2018a）；TMPP 和 EHDPP 是三峡库区农田和消落带土壤中最主要的 OPEs 单体，二者贡献率超过 90%（何明靖等，2017）；TCIPP 和 EHDPP 是重庆城市土壤中主要的 OPEs 单体，但不同功能区二者的贡献率相差较大（杨志豪等，2018）；而在本研究中 TNBP 是辽河干流河岸带土壤中最主要的 OPEs 单体。不同地区土壤中 OPEs 的含量水平与组成特征均具有较大的差异，表明 OPEs 污染具有明显的地区差异性，这可能与当地的工业产业结构和相关产品的消费使用特点有关。此外，不同单体 OPEs 在土壤中微生物降解、垂向迁移等环境行为的差异也可能是造成 OPEs 组成差异的重要原因。有研究表明 TCIPP 可以在土壤中垂向迁移，从表层土壤进入深层土壤（何明靖等，2017），而本研究采集的是表层土壤，这也可能是 TCIPP 所占比例较低的原因。TNBP 在一定程度上可以被生物降解，但不能完全消除（Van der Veen 等，2012），本研究

中 TNBP 含量较高的原因可能是存在着 TNBP 的持续输入。总体上看，辽河干流河岸带土壤中 OPEs 含量还处于较低水平，但随着 OPEs 使用量的不断增加，特别是 TNBP 的持续输入，仍需加强对河岸带土壤中 OPEs 的关注，防止其对地表水环境造成污染。

8.2 辽河干流河岸带土壤中有机磷酸酯的空间分布

辽河干流河岸带土壤中 OPEs 的空间分布如图 8.1 所示，河岸带土壤中 OPEs 的含量总体上表现为上游较低、中下游较高。在辽河上游，农业是最主要的生产活动，而辽河中下游则主要以工业生产为主，这表明 OPEs 污染主要与工业活动有关。在辽河上游（S1 ~ S8），河岸带土壤中 OPEs 的总浓度范围为 19.7 ~ 44.2 ng/g，平均浓度为 29.2 ng/g，各采样点之间的浓度差异较小。而在辽河中游（S9 ~ S17），各采样点之间的浓度差异较大，河岸带土壤中 OPEs 的总浓度范围为 19.6 ~ 73.6 ng/g，平均浓度为 46.0 ng/g，这表明辽河中游可能存在点源污染。浓度最高的采样点分别是 S9（62.4 ng/g）、S10（66.1 ng/g）和 S11（73.6 ng/g），位于铁岭市与沈阳市的交界处，是沈铁工业走廊的核心区域。该区域主要以先进装备制造、医药化工、新型建材和食品加工等为主导产业，这可能是该区域 OPEs 浓度较高的原因。在辽河下游（S18 ~ S24），河岸带土壤中 OPEs 的总浓度范围为 32.6 ~ 89.4 ng/g，平均浓度为 59.0 ng/g。辽河下游位于鞍山市和盘锦市境内，该区域主要以金属冶炼和石油化工为主导产业，这可能是该区域 OPEs 浓度较高的原因。而在辽河入海口处（S24）的河岸带土壤中 OPEs 浓度较低，这可能是由于入海口处人为干扰较小，OPEs 主要来源于大气的远距离传输和干湿沉降。

从图 8.1 中还可以看出，在辽河上游，河岸带土壤中 OPEs 主要由烷基 OPEs 和 TPPO 组成，占 OPEs 总浓度的比例分别为 34.5% 和 44.3%。而在辽河中下游，TPPO 的浓度显著降低，所占比例仅为 3.38%；烷基 OPEs 的浓度增加，成为最主要的 OPEs 组分，所占比例为 74.1%。烷基 OPEs 主要作为增塑剂应用于不饱和聚酯树脂、醋酸纤维素、聚氯乙烯以及合成橡胶等材料中，也可作为消泡剂添加到涂料、液压油和地板蜡中（高立红等，2014）。因此，在辽河流域，特别是辽河中下游流域，存在着由上述相关工业活动或产品造成的 OPEs 污染。

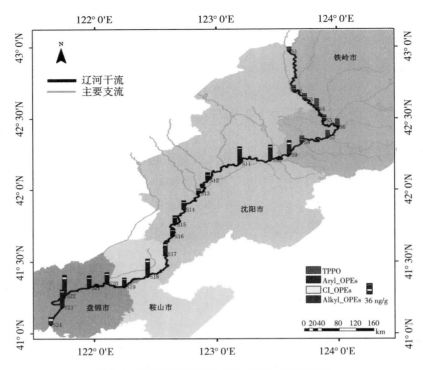

图 8.1 辽河干流河岸带土壤中 OPEs 的空间分布

8.3 辽河干流河岸带土壤中有机磷酸酯及其与总有机碳的相互关系

环境介质中各 OPEs 单体的相关性可用来揭示 OPEs 的可能来源。采用 SPSS19 软件对 24 个样本 13 种 OPEs 做 Spearman 相关性分析，结果如表 8.2 所示。大部分 OPEs 之间存在相关性，只是相关系数较小。Taylor（1990）认为只有相关系数大于 0.68 的相关性才是真正的强相关性。基于此标准，TEP 与 TIBP，TCIPP 与 TIBP、TNBP、TEHP 和 TCEP，TPHP 与 TEP、TIBP、TEHP 和 TBOEP，EHDPP 与 TBOEP 和 TPHP，以及 TMPP 与 TDCPP 具有显著的正相关，表明这些 OPEs 可能有相同的来源。TPPO 与 TEP、TIBP 和 TPHP 具有显著的负相关，表明它们来源于不同的污染源。此外，TPPO 与大部分 OPEs 呈负相关，这表明 TPPO 有不同于 OPEs 的单独来源。TPPO 是一种化学合成中间体，它可能直接来源于化工生产过程（欧育湘等，2011）。

表 8.2 辽河干流河岸带土壤中 OPEs 及其与 TOC 的相关性

	TPP	TIBP	TNBP	TEHP	TBOEP	TCEP	TCIPP	TDCPP	TPHP	EHDPP	TMPP	TPPO	TOC
TEP	−0.327	0.760**	0.363	0.517**	0.568**	0.343	0.563**	−0.488*	0.696**	0.585**	−0.515*	−0.832**	0.037
TPP	1	−0.143	0.3	0.225	0.264	0.212	0.248	0.491*	0.073	0.165	0.530**	0.357	0.048
TIBP		1	0.638**	0.608**	0.597**	0.381	0.710**	−0.225	0.689**	0.649**	−0.375	−0.687**	0.123
TNBP			1	0.507*	0.524**	0.606**	0.743**	−0.103	0.316	0.533**	−0.339	−0.292	−0.044
TEHP				1	0.538**	0.306	0.773**	0.152	0.780**	0.552**	−0.079	−0.646**	0.048
TBOEP					1	0.423*	0.583**	−0.097	0.712**	0.732**	−0.054	−0.446*	0.058
TCEP						1	0.712**	−0.016	0.191	0.18	−0.19	−0.125	0.013
TCIPP							1	0.057	0.610**	0.463*	−0.171	−0.509*	0.117
TDCPP								1	−0.089	−0.365	0.819**	0.447*	0.145
TPHP									1	0.694**	−0.13	−0.703**	0.166
EHDPP										1	−0.278	−0.504*	0.187
TMPP											1	0.577**	0.035
TPPO												1	−0.08

注：** 表示在 0.01 水平（双侧）上显著相关；* 表示在 0.05 水平（双侧）上显著相关。

本研究中 24 个河岸带土壤样品 TOC 含量为 0.31% ～ 1.71%，平均值为 0.73%。各 OPEs 单体与 TOC 的相关系数均小于 0.2，这表明辽河干流河岸带土壤中 OPEs 的含量与土壤 TOC 含量没有相关性。这与其他类型土壤的研究结果相一致，如广州城市土壤（Cui 等，2017）、重庆城市土壤（He 等，2017）和尼泊尔城市土壤（Yadav 等，2018a）。He 等（2018）研究指出土壤中阻燃剂的含量分布与 TOC 的相关关系取决于阻燃剂的疏水特性，当阻燃剂的辛醇 – 水分配系数（log K_{ow}）位于 4 ~ 9，土壤中阻燃剂的含量分布与 TOC 呈正相关；当阻燃剂的 log K_{ow} 小于 4 或大于 9，则土壤中阻燃剂的含量分布与 TOC 没有相关性。在本研究中，大部分 OPEs 的 log K_{ow} 小于 4 或大于 9，本研究结果进一步验证了这一结论。

8.4 辽河干流河岸带土壤中有机磷酸酯的生态风险评价

土壤中 OPEs 的潜在生态风险采用危害熵（HQ）来评价，计算公式如下（Wang 等，2019a）：

$$HQ = MEC_{soil} / PNEC_{soil}$$

式中：MEC_{soil} 是土壤中 OPEs 实测浓度，$PNEC_{soil}$ 是预测的土壤中 OPEs 无效应浓度。TIBP、TNBP、TEHP、TBOEP、TCEP、TCIPP、TDCPP、TPHP 和 EHDPP 的 $PNEC_{soil}$ 分别为 1060 ng/g、900 ng/g、21.8 ng/g、2480 ng/g、386 ng/g、1700 ng/g、320 ng/g、130 ng/g 和 30.2 ng/g（Wang 等，2019a）。当 HQ > 1 时，被认为具有潜在的风险。

基于危害熵（HQ）的辽河干流河岸带土壤中 OPEs 的生态风险评价（图 8.2）表明，各 OPEs 单体危害熵以及 12 种 OPEs 总危害熵均低于 1，这表明辽河干流河岸带土壤中 OPEs 造成的生态风险较小，可忽略。但需要注意的是，TEHP 的生态风险较高，部分采样点的 HQ 值接近 1，这与 TEHP 具有较高的土壤生态毒性效应有关（Wang 等，2019a）。与其他区域土壤相比，辽河干流河岸带土壤中 OPEs 的生态风险略高于美国污泥改良土壤（各 OPEs 单体 HQ 值均低于 1，TMPP 的 HQ 值最高，仅为 0.26）（Wang 等，2018c），

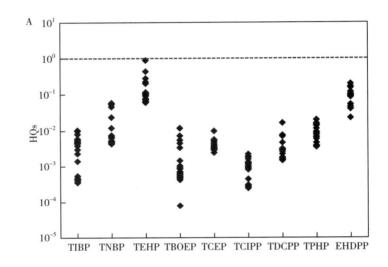

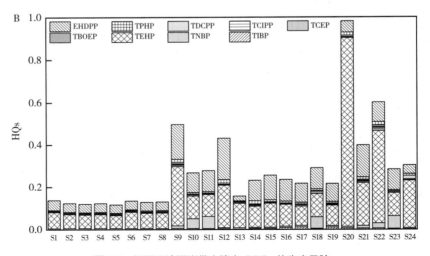

图 8.2　辽河干流河岸带土壤中 OPEs 的生态风险

低于中国污泥改良土壤（TMPP 的 HQ 值较高，部分采样点 HQ ＞ 10，其余各 OPEs 单体 HQ 值低于 1）（Fu 等，2017）和天津市静海区的一个废物回收区域土壤（TMPP、TPHP 和 TCEP 的 HQ 值最高分别为 68.5、2.33 和 1.42）（Wang 等，2018d）。此外，辽河中下游 河岸带土壤中 OPEs 的生态风险显著高于辽河上游，生态风险最高点出现在采样点 S20 （HQ=0.98），该采样点位于鞍山市与盘锦市交界处。OPEs 总浓度和总危害熵的最高点均出 现在行政区域的交界处，这表明在这些交界区可能存在着 OPEs 污染排放的监管松懈问题。

8.5　结论

13 种目标 OPEs 均在辽河干流河岸带土壤中检出，总浓度范围为 19.6～89.4 ng/g，平 均浓度为 44.2 ng/g；TNBP 是平均浓度最高的单体，浓度范围为 3.96～53.0 ng/g，最高比 例为总浓度的 70.3%。辽河干流河岸带土壤中 OPEs 的含量总体上表现为上游较低、中下 游较高。辽河干流河岸带土壤中 OPEs 的含量与土壤 TOC 含量没有相关性。辽河干流河 岸带土壤中 OPEs 造成的生态风险较小，各 OPEs 单体危害熵以及 12 种 OPEs 总危害熵均 低于 1。

9 土壤中有机磷酸酯的粒径分布规律及其与总有机碳的相互关系

9.1 不同土地利用类型土壤的理化性质

于 2017 年在沈阳三环内采集了 8 个不同土地利用类型的表层土壤样品（0 ~ 10cm 深度）。采样点代表了本市最常见的土地利用类型，包括道路绿地（RG）、居住区（RA）、旱地（DL）、废弃草地（WG）、教育用地（EL）、工业区（IA）、城市公园（CP）和农村宅基地（RH）（图 9.1）。土壤样品经冷冻干燥，去除石块和残根后用 2 mm 筛子筛分，然后装入铝箔袋中，在 –20 ℃下保存。通过干筛将土壤样品分离成 5 个部分（小于 22 μm、22 ~ 63 μm、63 ~ 220 μm、220 ~ 500 μm、500 ~ 2000 μm）。

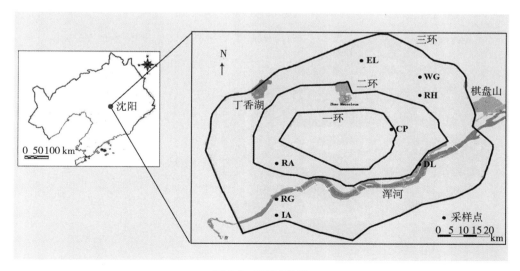

图 9.1　采样点位置

表 9.1 列出了不同土地利用类型下土壤中不同粒径组分的特征。图 9.2 显示了各粒径组分对土壤总质量、总有机碳（TOC）、黑炭（BC）和其他形式碳（OC=TOC–BC）含

量的相对贡献。CP 和 RA 的粒径分布相近，在 22 ~ 63 μm 范围内的颗粒含量最高，约占土壤总质量的 30%；RH、EL 和 IA 的粒径分布也很相似，小于 22 μm 的颗粒是主要成分，其次是 22 ~ 63 μm 的颗粒。63 ~ 220 μm 的颗粒是 WG 的主要成分，占土壤总质量的 43.69%。220 ~ 500 μm 的颗粒是 RG 的主要成分，占 46.91%。不同粒径的颗粒在 DL 中的分布情况大致相同。这一结果进一步证实了土地利用类型在很大程度上影响了土壤的粒径分布（Wang 等，2008）。

表 9.1　不同土地利用类型土壤的粒径组成与理化性质

样品	粒径 (μm)	质量分数 (%)	总有机碳 (%)	黑炭 (%)	黑炭:总有机碳 (%)	ΣOPEs (ng/g)
CP	< 22	10.95	1.31 ± 0.04	0.81 ± 0.13	62.14	143.31 ± 20.32
	22 ~ 63	29.27	2.62 ± 0.18	0.96 ± 0.09	36.47	47.75 ± 2.96
	63 ~ 220	18.71	4.72 ± 0.24	0.52 ± 0.02	10.97	77.67 ± 1.39
	220 ~ 500	14.87	3.32 ± 0.09	2.05 ± 0.25	61.84	64.60 ± 7.36
	500 ~ 2000	19.58	3.29 ± 0.04	1.05 ± 0.09	32.02	117.69 ± 7.00
RA	< 22	17.74	2.24 ± 0.29	1.28 ± 0.10	57.10	74.86 ± 5.20
	22 ~ 63	29.13	2.39 ± 0.29	1.04 ± 0.30	43.62	71.90 ± 9.98
	63 ~ 220	17.89	2.51 ± 0.24	1.51 ± 0.25	59.97	172.50 ± 25.66
	220 ~ 500	17.41	2.95 ± 0.30	0.58 ± 0.05	19.77	113.69 ± 11.05
	500 ~ 2000	13.27	2.30 ± 0.08	0.83 ± 0.12	36.03	173.99 ± 18.09
RG	< 22	6.50	2.72 ± 0.15	1.58 ± 0.23	58.31	60.91 ± 5.63
	22 ~ 63	5.32	2.81 ± 0.29	1.64 ± 0.15	58.23	84.23 ± 10.18
	63 ~ 220	11.22	1.84 ± 0.09	0.90 ± 0.09	49.12	74.27 ± 3.99
	220 ~ 500	46.91	1.10 ± 0.05	0.43 ± 0.04	38.91	63.57 ± 9.06
	500 ~ 2000	22.85	1.60 ± 0.04	0.71 ± 0.06	44.33	53.14 ± 1.79
IA	< 22	37.93	0.96 ± 0.03	0.27 ± 0.02	27.80	61.89 ± 4.49
	22 ~ 63	28.11	0.81 ± 0.03	0.50 ± 0.10	61.68	86.00 ± 8.18
	63 ~ 220	11.55	2.16 ± 0.32	0.91 ± 0.12	42.16	59.85 ± 6.91
	220 ~ 500	8.32	1.24 ± 0.15	0.87 ± 0.13	69.99	74.90 ± 3.85
	500 ~ 2000	10.27	1.30 ± 0.02	0.37 ± 0.03	28.46	54.45 ± 5.27
DL	< 22	16.56	2.61 ± 0.35	0.66 ± 0.08	25.28	88.75 ± 10.79
	22 ~ 63	13.35	1.16 ± 0.13	0.78 ± 0.18	67.01	62.89 ± 6.47

样品	粒径 (μm)	质量分数 (%)	总有机碳 (%)	黑炭 (%)	黑炭:总有机碳 (%)	ΣOPEs (ng/g)
	63 ~ 220	26.63	1.36 ± 0.04	0.85 ± 0.20	62.45	71.97 ± 8.92
	220 ~ 500	16.05	0.90 ± 0.07	0.42 ± 0.15	46.05	17.07 ± 0.42
	500 ~ 2000	21.61	2.17 ± 0.13	0.33 ± 0.03	15.39	48.51 ± 5.92
EL	< 22	47.16	1.68 ± 0.05	0.41 ± 0.05	24.13	28.68 ± 2.78
	22 ~ 63	34.66	1.19 ± 0.10	0.31 ± 0.04	26.26	40.47 ± 3.89
	63 ~ 220	11.56	1.80 ± 0.21	0.46 ± 0.05	25.53	22.95 ± 1.24
	220 ~ 500	2.10	1.80 ± 0.02	1.09 ± 0.11	60.77	120.72 ± 1.96
	500 ~ 2000	3.34	2.14 ± 0.03	0.92 ± 0.12	42.79	25.91 ± 1.82
WG	< 22	5.59	0.99 ± 0.08	0.64 ± 0.07	64.65	33.52 ± 3.72
	22 ~ 63	16.56	0.74 ± 0.07	0.46 ± 0.05	61.40	38.62 ± 1.94
	63 ~ 220	43.69	1.40 ± 0.06	0.84 ± 0.13	60.38	26.42 ± 3.51
	220 ~ 500	11.53	1.63 ± 0.15	1.02 ± 0.16	62.72	27.45 ± 3.51
	500 ~ 2000	15.10	2.47 ± 0.10	1.24 ± 0.13	50.02	29.87 ± 2.70
RH	< 22	55.78	2.20 ± 0.29	0.82 ± 0.02	37.46	98.50 ± 1.82
	22 ~ 63	24.05	3.19 ± 0.33	0.78 ± 0.08	24.32	88.27 ± 5.99
	63 ~ 220	10.33	1.80 ± 0.18	1.12 ± 0.13	62.19	221.77 ± 21.88
	220 ~ 500	2.93	2.29 ± 0.01	1.06 ± 0.11	46.22	220.23 ± 8.54
	500 ~ 2000	2.06	1.78 ± 0.23	0.84 ± 0.09	47.12	161.64 ± 14.60

本研究中，土壤 TOC 的含量相对较高，不同粒径组分中 TOC 含量从 0.74% 到 4.72% 不等。土壤中 TOC 的含量随土地利用类型和粒径组分的不同而有明显的变化，但是，不同粒径组分中 TOC 含量差异对土壤中总 TOC 分布的影响不大。对于大多数样品来说，土壤中总 TOC 的分布与土壤的粒径组分分布相似，粒径分布是影响土壤中 TOC 分布的主要因素。土壤中 BC 的含量位于 0.27% ~ 2.05%，其中样品 CP 的 220 ~ 500 μm 颗粒中 BC 的含量最高，样品 IA 的小于 22 μm 颗粒中 BC 的含量最低。除 CP 外，其他样品的 BC 分布与 TOC 分布相似，原因是样品 CP 的 220 ~ 500 μm 颗粒中 BC 的含量明显高于其他粒径组分。BC:TOC 比值位于 10.97% ~ 69.99%，它在不同土地利用类型和粒径组分之间的差异很大，并高于以往研究结果，如 BC:TOC 值为 4.3% ~ 12.1%（Oen 等，2006）或 26.28% ~ 44.3%（Li 等，2010）。OC 是除黑炭外的其他形式的有机碳，除样品 CP 外，其分布与 TOC 分布相似。

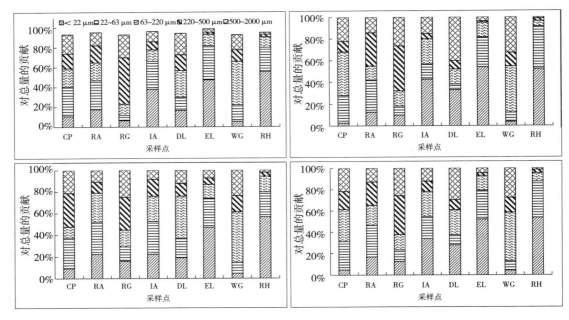

图 9.2 各粒径组分干重、总有机碳、黑炭和其他形式碳的相对含量

9.2 不同粒径组分中有机磷酸酯总浓度和质量

表 9.1 和图 9.3 列出了不同土地利用类型下不同粒径组分中 OPEs 的总浓度和质量分布情况。不同粒径组分中 OPEs 的总浓度位于 17.07 ~ 221.77 ng/g。对于样品 RG、IA 和 WG，不同粒径组分中 OPEs 的总浓度分布差异较小，但在其他样品中则存在较大差异。在样品 CP 中，OPEs 主要存在于 500 ~ 2000 μm 和小于 22 μm 的颗粒中，其浓度分别为 117.69 ng/g 和 143.31 ng/g，为其他颗粒的 2 ~ 3 倍。在样品 RA 和 RH 中，大颗粒（大于 63 μm）含有大量的 OPEs，浓度为小颗粒（< 63 μm）的 2 ~ 3 倍。与其他样品相比，样品 EL 中 OPEs 的总浓度在不同粒径组分中的分布模式非常不同。在样品 EL 中，OPEs 主要存在于 220 ~ 500 μm 的颗粒中，其浓度为 120.72 ng/L，约为其他颗粒的 5 倍。但是，在样品 DL 中，220 ~ 500 μm 颗粒中 OPEs 的浓度最低，而小于 220 μm 的颗粒中存在大量的 OPEs。总的来说，不同粒径组分中，OPEs 总浓度的分布模式是不规则的，并且随着土地利用类型的不同而不同。

OPEs 在不同粒径组分中的分布规律与其他有机污染物不同。例如，多环芳烃大多积累在小粒径组分中，如 2 ~ 20 μm 和 < 2 μm（Liao 等，2013）。Krauss 等（2002）研究了德国 Bayreuth11 个城市和城郊表层土壤（0 ~ 5 cm），观察到多环芳烃浓度在粒径组分中的分布遵循粉沙（2 ~ 20 μm）＞黏土（< 2 μm）≥细沙（20 ~ 250 μm）＞粗沙（250 ~ 2000 μm）

的规律。多氯联苯同样主要集中在小颗粒中：黏土（＜2 μm）＞粉沙（2～20 μm）≥细沙（20～250 μm）＞粗沙（250～2000 μm）（Krauss 等，2002）。磺胺类抗生素主要吸附在细泥沙（2～6.3 μm）中，不同粒径组分对磺胺类抗生素的吸附量按以下顺序增加：粗淤泥（20～63 μm）＜中淤泥（6.3～20 μm）＜沙子（63～2000 μm）＜黏土（＜2 μm）＜细淤泥（2～6.3 μm）（Thiele-Bruhn 等，2004）。不同粒径组分中二噁英的浓度随着颗粒大小的减小而增加，细颗粒（＜2 μm）的二噁英浓度比粗颗粒（＞63 μm）高16倍（Lee 等，2006）。然而，这种大多数有机组分的粒径分布模式并不适合OPEs。

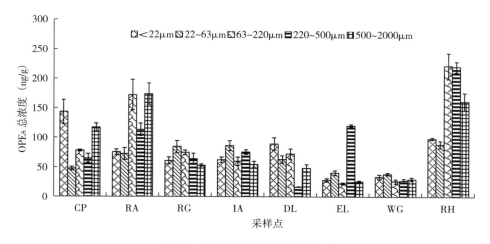

图 9.3　各粒径组成中 OPEs 的浓度

　　一般来说，土壤中不同粒径组分中化合物的质量分布取决于其在各粒径组分中化合物的浓度和各粒径组分本身的质量分布。OPEs 在不同土地利用类型土壤中不同粒径组分的质量分布如图 9.4 所示。在样品 CP 和 RA 中，OPEs 在不同粒径组分中的质量分布比较均匀。在样品 CP 和 RA 中，OPEs 在 5 个粒径组分中的质量分布分别为 12.5%（220～500 μm）～29.98%（500～2000 μm）和 12.3%（＜22 μm）～28.59%（63～220 μm），它们之间的区别在于 OPEs 的最高质量和最低质量分布在不同的粒径组分上。但在其他样品中，OPEs 主要集中在大颗粒或小颗粒中。例如，在样品 RG 中，OPEs 主要集中在大颗粒（＞220 μm）中，质量贡献率为 71.41%。在样品 DL、WG 和 RH 中，OPEs 主要集中在小颗粒（＜220 μm）中，它们的质量贡献率分别为 76.16%、72.07% 和 91.02%。特别是在样品 RH 中，小于 22 μm 的颗粒贡献了 50.48% 的 OPEs 质量。与样品 DL、WG 和 RH 相比，样品 IA 和 EL 中较小的颗粒（小于 63 μm）含有大量的 OPEs，其质量贡献率分别为 71.78% 和 81.99%。IA、EL、WG 和 RH 中的 OPEs 质量分布模式是由于这些颗粒的质量分数较高，而不是这些颗粒中的 OPEs 浓度较高。但是，样品 DL 中的

OPEs 质量分布模式是由颗粒中的 OPEs 浓度和颗粒的质量分数共同决定的。总而言之，从不同土地利用类型收集到的土壤样品，其质量分数构成存在较大差异。

关于污染物在土壤粒径组分中的质量分布的研究很少。Liao 等（2013）研究了 4 种不同深度焦化厂土壤中不同粒径组分中多环芳烃的总质量，观察到多环芳烃的质量分布主要由粒径组分在土壤总质量中的比例决定。Zong 等（2016）研究了东北鞍山 10 个城市表土的土壤粒径分数中重金属的分布，发现单个粒径组分中的重金属浓度和各粒径组分的质量分数是控制土壤中重金属总量的两个因素。在本研究中，我们发现 OPEs 在不同土壤颗粒大小组分中的质量分布与多环芳烃一致，它主要取决于不同粒径组分在土壤总质量中的比例，而不是取决于每个粒径组分中 OPEs 的浓度。

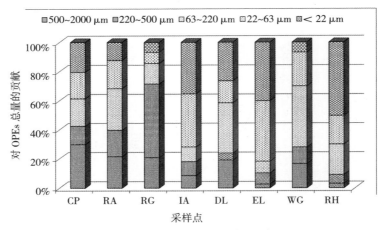

图 9.4　各粒径组分中 OPEs 的相对含量

9.3　不同粒径组分中单体有机磷酸酯浓度

我们进一步分析了不同土地利用类型下不同粒径组分中单体 OPEs 的浓度。如图 9.5 所示，TPP 的浓度在所有样品中最低。TIBP、TNBP 和 TPPO 在大多数样品中的浓度相对较高，但在不同粒径组分中的分布规律不同。例如，样品 CP 和 DL 中小于 22 μm 的颗粒中含有大量的 TIBP。但在样品 RA、EL 和 RH 中，TIBP 主要集中在大颗粒（> 63 μm）中。特别是样品 EL，220~500 μm 的颗粒中 TIBP 的浓度约为其他颗粒的 50 倍。在大多数样品中，TNBP 主要集中在小颗粒（< 63 μm）中，但 63~220 μm 和 500~2000 μm 的颗粒在部分样品中含有较高浓度的 TNBP。样品 EL 和 WG 是例外，TNBP 浓度在不同粒径组分中的分布比较均匀。不同样品中 TPPO 浓度在不同粒径组分中的分布有明显差异。例如，在样品 RA 中，TPPO 主

要集中在 63～220 μm 的颗粒中，为其他颗粒的 20～30 倍。在样品 RG、DL 和 EL 中，TPPO 主要集中在小颗粒（< 220 μm）中，但样品 DL 中 500～2000 μm 的颗粒中 TPPO 的浓度相对较高。TCIPP 的浓度分布比较特殊，在一些样品中，小颗粒中含有大量的 TCIPP，如 RG、DL 和 RH；但在其他样品中，大颗粒的 TCIPP 含量较多，如 CP 和 WG。除了样品 RA 的 EHDPP 主要集中在小颗粒（< 63 μm）中外，大多数样品的 EHDPP 浓度在不同粒径组分中的分布比较均匀。在样品 RG 中，EHDPP 主要集中在大颗粒（> 63 μm）中。除样品 RG 和 DL 的 TEHP 在小于 22 μm 颗粒中含量较高外，大部分样品中 TEHP 在不同粒径组分中的分布相对均匀。总而言之，在不同土地使用类型下，不同粒径组分中单体 OPEs 的浓度和分布有显著差异。

He 等（2018）研究了从中国南京的办公室、公共微环境和洗车厂收集的粉尘中不同尺寸组分的 OPEs 分布情况，发现 OPEs 的浓度一般随着颗粒尺寸的减小而增加，尤其是含量最高的 TCEP。然而，Yang 等（2014a）研究了中国杭州办公室颗粒物中 OPEs 的粒径分布，发现 OPEs 在各组分之间的分布没有显著差异，OPEs 单体表现出不同的分布模式。例如，TCEP、TCIPP 和 TNBP 主要吸附在 4.7～5.8 μm 的组分上，TDCPP 和 TBOEP 主要吸附在 0.4～0.7 μm 的组分上，EHDPP 主要吸附在 2.1～3.3 μm 的组分上，而 TDCPP 和 TBOEP 主要吸附在 0.4～0.7 μm 的组分上。本研究与 Yang 等（2014a）的研究结果一致，表明 OPEs 的分布一般随颗粒大小而变化，且其变化取决于 OPEs 类型。

9.4　土壤中有机磷酸酯与总有机碳和黑炭的相互关系

为了阐明土壤有机碳含量与土壤中 OPEs 分布之间的关系，图 9.6 绘制了土壤中 OPEs 总浓度与 TOC、BC 和 OC 含量的关系图。由图 9.6 可知，OPEs 总浓度与 TOC、BC、OC 之间存在弱相关关系。它们的线性回归相关系数分别为 0.0495、0.0823 和 0.0097。OPEs 总浓度与 BC 的相关性强于与 TOC 和 OC 的相关性。表明不同土壤粒径组分中 OPEs 的分布与有机碳关系不大，这与之前的一些研究结果一致。Cui 等（2017）研究了中国广州城市土壤中 OPEs 的分布情况，发现 OPEs 总量和单个 OPEs 的浓度与土壤有机质无显著相关性。Yadav 等（2018a）研究了尼泊尔土壤中 OPEs 的空间分布，观察到 OPEs 总浓度与 TOC 和 BC 之间存在微弱关系。他们的 Spearman 相关系数分别为 0.117 和 0.01。但有研究表明，土壤有机质对 OPEs 的吸附、迁移和转化有显著影响（Zhong 等，2018）。He 等（2017）研究了中国重庆地表土壤和街道扬尘中 OPEs 的发生和分布情况，发现 OPEs 总浓度与 TOC 之间存在显著的相关性，但相关系数仅为 0.34。

表 9.2 列出了单体 OPEs 浓度与 TOC、BC 和 OC 之间的线性相关关系，单体 OPEs 浓度与 TOC、BC 和 OC 之间的相关性较弱。在 13 种 OPEs 中，TEP、TCEP 和 TCIPP 与 TOC 的相关系数相对较高。其他 10 种 OPEs 的相关系数均低于 0.1。对于 TEP 和 TCEP 来说，

它们与 OC 的相关性强于 BC。相反，TCIPP 与 BC 的相关性强于与 OC 的相关性。He 等（2018）指出，OPEs 浓度与 TOC 的相关关系取决于 OPEs 的疏水性，对于辛醇 / 水分配系数在 4 ~ 9 的 OPEs，OPEs 分布与 TOC 之间存在正相关关系；但辛醇 / 水分配系数在 1 ~ 4 或 > 9 的 OPEs 与 TOC 没有显著相关性。在本研究中，大多数 OPEs 的辛醇 / 水分配系数不在 4 ~ 9 之间，因此它们的分布与土壤中的总有机碳含量相关性较差。由于它们的辛醇 / 水分配系数较低，往往会挥发到空气中，并被吸附到土壤中。

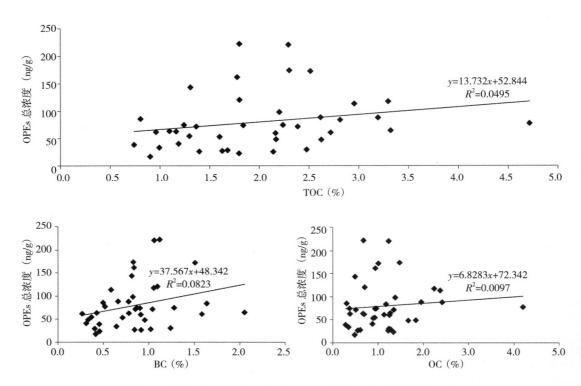

图 9.5　土壤中 OPEs 浓度与总有机碳、黑炭和其他碳含量的相关性分析

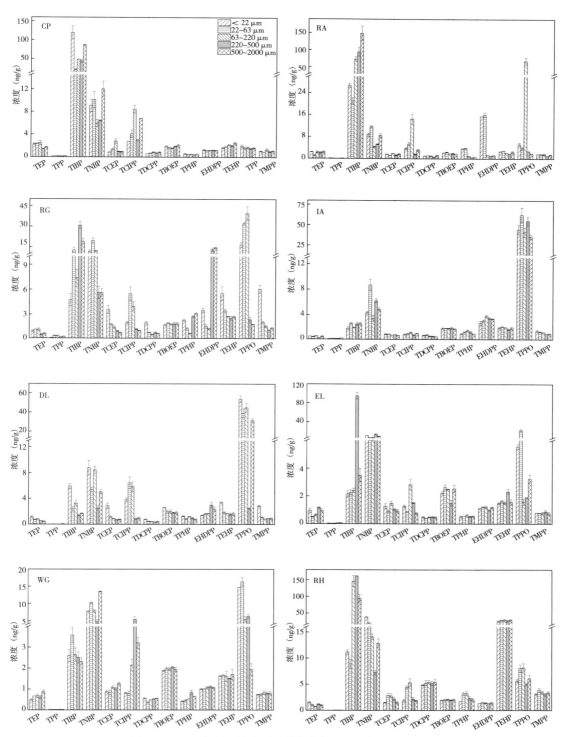

图 9.6　不同土地利用类型土壤中各粒径组分中单体 OPE 的浓度

表 9.2　土壤中各单体 OPEs 浓度与总有机碳、黑炭和其他碳含量的相关性分析

OPEs	OPEs 与 TOC	OPEs 与 BC	OPEs 与 OC
TEP	$y=0.4895x+0.0957\,(R^2=0.3938)$	$y=0.5601x+0.5946\,(R^2=0.1145)$	$y=0.4628x+0.5404\,(R^2=0.2777)$
TPP	$y=0.0199x+0.0484\,(R^2=0.0504)$	$y=0.0432x+0.0515\,(R^2=0.0525)$	$y=0.0131x+0.0731\,(R^2=0.0172)$
TIBP	$y=13.931x+5.3787\,(R^2=0.0613)$	$y=28.744x+8.7402\,(R^2=0.0579)$	$y=9.5657x+22.151\,(R^2=0.0228)$
TNBP	$y=1.5187x+6.4077\,(R^2=0.0438)$	$y=3.585x+6.3922\,(R^2=0.0542)$	$y=0.9157x+8.3812\,(R^2=0.0126)$
TCEP	$y=0.4925x+0.3768\,(R^2=0.322)$	$y=0.5763x+0.868\,(R^2=0.0979)$	$y=0.4621x+0.8284\,(R^2=0.2236)$
TCIPP	$y=1.585x+0.0385\,(R^2=0.2335)$	$y=3.0023x+0.5709\,(R^2=0.1861)$	$y=1.1639x+1.7836\,(R^2=0.0993)$
TDCPP	$y=0.3673x+0.4963\,(R^2=0.039)$	$y=0.6417x+0.6833\,(R^2=0.0264)$	$y=0.2849x+0.9012\,(R^2=0.0185)$
TBOEP	$y=-0.0273x+2.02\,(R^2=0.0078)$	$y=-0.0782x+2.0319\,(R^2=0.0142)$	$y=-0.0126x+1.9801\,(R^2=0.0013)$
TPHP	$y=0.0686x+1.1322\,(R^2=0.0033)$	$y=0.4376x+0.8982\,(R^2=0.0297)$	$y=-0.0363x+1.3099\,(R^2=0.0007)$
EHDPP	$y=-0.4611x+3.9079\,(R^2=0.0089)$	$y=0.0756x+2.9276\,(R^2=0.00005)$	$y=-0.6057x+3.6828\,(R^2=0.0121)$
TEHP	$y=1.5074x+2.363\,(R^2=0.0213)$	$y=2.4922x+3.2498\,(R^2=0.0129)$	$y=1.2091x+3.9792\,(R^2=0.0108)$
TPPO	$y=-6.1769x+29.93\,(R^2=0.0664)$	$y=-3.4738x+20.593\,(R^2=0.0047)$	$y=-6.8518x+25.472\,(R^2=0.0644)$
TMPP	$y=0.4164x+0.7256\,(R^2=0.0951)$	$y=0.9606x+0.7402\,(R^2=0.1125)$	$y=0.2574x+1.2595\,(R^2=0.0287)$

9.5　结论

　　本研究的结果增加了我们对不同土地利用类型下不同土壤粒径组分中 OPEs 浓度、分布以及与 TOC 关系的认识。土地利用类型在很大程度上影响了土壤的粒径分布。土壤中 TOC 的含量随土地利用类型和粒径分数的不同而明显变化，粒径分布是影响土壤中 TOC 总质量分布的主要因素。OPEs 总浓度在不同粒径组分中的分布规律是不规则的，且随土地利用类型的不同而变化，粒径分布是影响土壤中 OPEs 总质量分布的主要因素。TIBP、TNBP 和 TPPO 在大多数样品中的浓度相对较高，但在不同粒径组分中的分布规律不同。OPEs 总浓度与 TOC、BC、OC 之间的相关性较弱，单体 OPEs 也是如此。

10 辽河干流沉积物中有机磷酸酯的污染特征

10.1 辽河干流表层沉积物中有机磷酸酯的含量水平和空间分布

于 2018 年 6 月在辽河 24 个采样点（S1 ~ S24）用不锈钢抓斗，共采集 24 个表层沉积物样品。沉积物样品经冰浴运输至实验室，冷冻干燥、研磨、过 1 mm 筛后，采用本课题组建立的土壤中有机磷酸酯同时加速溶剂萃取与净化分析方法进行萃取与分析。

辽河表层沉积物样品中 13 种单体 OPEs 的浓度，包括 6 种烷基 OPEs（TEP、TPP、TIBP、TNBP、TEHP 和 TBOEP）、3 种氯代 OPEs（TCEP、TCIPP 和 TDCPPP）、3 种芳香基 OPEs（TPHP、EHDPP 和 TMPP）和合成中间体 TPPO 的浓度见表 10.1。表层沉积物样品中 13 种目标 OPEs 均被检出，检出频率为 100%。13 种 OPEs 的浓度变化较大，范围为 19.7 ~ 234 ng/g，中位数和平均值分别为 52.3 ng/g 和（64.2 ± 52.2）ng/g。在 13 种 OPEs 中，TNBP 和 TBOEP 的含量相对较高，平均浓度分别为（16.0 ± 16.2）ng/g 和（11.3 ± 17.4）ng/ g dw。其他 OPEs 的平均浓度均低于 5 ng/g。TPHP 的含量最低，平均浓度为（2.13 ± 1.93）ng/g。在 4 种不同类型的 OPEs 中，烷基 OPEs 的含量最高，范围为 9.75 ~ 133 ng/g，中位数和平均值分别为 32.6 ng/g 和（41.8 ± 35.8）ng/g。然后是氯代 OPEs、芳香基 OPEs 和 TPPO，平均浓度分别为（10.6 ± 14.9）ng/g、（7.74 ± 6.18）ng/g 和（4.07 ± 3.09）ng/g。造成这一污染特征的原因可能是本研究中烷基 OPEs 含有较多的化合物。另一个更重要的原因是与当地 OPEs 的排放特征有关，在辽河流经的最大城市沈阳的城市表层土壤中也发现了同样的污染特征（Luo 等，2018a）。

辽河表层沉积物中总 OPEs 和不同类型 OPEs 的空间分布如图 10.1 所示。从图中可以看出，OPEs 污染从上游到下游呈上升趋势。这表明，辽河的 OPEs 污染主要与工业活动和生活污水排放有关。辽河上游主要从事农业生产，人口较少，而中下游主要从事工业活动，人口较多。辽河上游（S1 ~ S8）13 种 OPEs 的浓度变化不大，在 19.7 ~ 28.3 ng/g 之间，平均浓度为（25.2 ± 3.22）ng/g。但中游（S9 ~ S17）13 种 OPEs 浓度变化较大，范围为 30.0 ~ 234 ng/g，平均浓度为（91.4 ± 72.6）ng/g。最高浓度出现在采样点 S14（194 ng/g）和 S17（234 ng/g）。S14 位于沈阳市新民市钱塘铺镇，是辽河油田的主采区。此外，电光源产品是该镇的主要产业，有 40 多家生产企业。S17 位于沈阳市辽中区新明屯镇与鞍山市台安县大牛镇的交界处，这里是以医药、化工、冶炼为主要产业的沈西工业走廊。这些工业活动可能是这两个采样点的 OPEs 浓度较高的原因。下游（S18 ~ S24）的13 种 OPEs 浓度变化不大，在 59.8 ~ 90.1 ng/g 之间，平均浓度为（74.0 ± 11.5）ng/g。辽河表层沉积物中 OPEs 的空间分布与多氯联苯和二噁英的空间分布不同（Zhang 等，2010），这可能是由于它们的污染源不同。中国浑河（Zeng 等，2018）、西班牙阿尔加河、纳隆河和贝索斯河（Cristale 等，2013b）沉积物中的 OPEs 污染也出现了这种从上游到下游的递增分布。然而，这种分布模式可能不会发生在其他河流中。例如，韩国洛东江的沉积物中OPEs 的浓度从上游到下游呈下降趋势（Choo 等，2018），尼泊尔巴格马蒂河沉积物中的OPEs 浓度分布不规则（Yadav 等，2018b）。OPEs 污染的空间分布模式的差异与河流的周边环境有关，如工业类型。

表 10.1　辽河沉积物中 OPEs 浓度的统计值

OPEs	最小值	最大值	中位数（$n=24$）	平均值（$n=24$）	标准偏差（$n=24$）
TEP	0.56	11.4	1.80	2.89	2.91
TPP	0.78	12.6	1.40	2.75	3.17
TIBP	0.30	12.7	3.33	3.79	3.21
TNBP	2.88	49.1	6.95	16.0	16.2
TEHP	1.36	20.2	2.44	4.99	5.27
TBOEP	1.11	69.0	2.73	11.3	17.4
TCEP	1.15	30.1	1.55	3.63	6.03
TCIPP	0.44	13.3	2.33	2.98	2.94
TDCPPP	0.48	27.7	0.93	4.00	6.82
TPHP	0.55	6.35	1.76	2.13	1.93
EHDPP	1.19	16.4	2.71	3.35	3.63
TMPP	0.53	11.1	1.31	2.26	2.85
TPPO	1.10	12.3	3.49	4.07	3.09
$\sum$Alkyl-OPEs	9.75	133	32.6	41.8	35.8
$\sum$Cl-OPEs	2.45	71.1	5.07	10.6	14.9
$\sum$Aryl-OPEs	2.95	24.9	5.33	7.74	6.18

续表

OPEs	最小值	最大值	中位数（n=24）	平均值（n=24）	标准偏差（n=24）
Σ_{13}OPEs	19.7	234	52.3	64.2	52.2

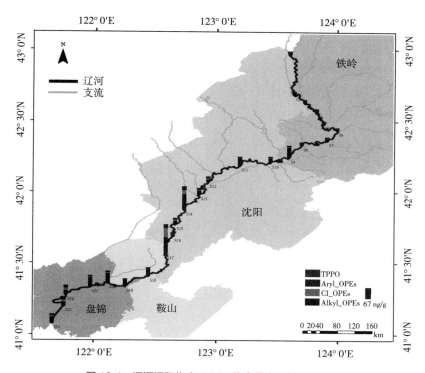

图 10.1　辽河沉积物中 OPEs 的含量水平与空间分布

10.2　沉积物中有机磷酸酯污染的全球比较

为了评估辽河表层沉积物中 OPEs 的污染水平，将表层沉积物中的 OPEs 浓度与世界范围内的其他研究进行了比较，见图 10.2。辽河表层沉积物中 OPEs 的平均浓度远高于韩国洛东江（Choo 等，2018）、希腊埃夫罗塔斯河（Giulivo 等，2017）、美国五大湖（Cao 等。2017）和海洋（Ma 等，2017；Zhong 等，2018）沉积物中 OPEs 的浓度，但明显低于韩国石花湖（Lee 等，2018）、尼泊尔巴格马蒂河（Yadav 等，2018b）和西班牙贝索斯河（Cristale 等，2013b）沉积物中的浓度。它们与意大利的阿迪杰河（Giulivo 等，2017）、西班牙的阿尔加河（Cristale 等，2013b）、中国的珠江三角洲（Tan 等，2016；Hu 等，2017）

和欧洲的河口（Wolschke 等，2018）沉积物中的 OPEs 浓度相似。由于不同研究中选择的 OPEs 数量不同，大多数研究中包含的一些单体 OPEs 被进一步比较，如 TNBP、TBOEP 和 TCEP。本研究中 TNBP 和 TBOEP 的浓度高于以往的大多数报道，如我国的骆马湖、浑河、太湖等（Xing 等，2018；Zeng 等，2018；Cao 等，2012；Liu 等，2018；Wang 等，2018a）。TEHP 的浓度与韩国石花湖（Lee 等，2018）、西班牙纳隆河（Cristale 等，2013b）、塞尔维亚萨瓦河和希腊埃夫罗塔斯河（Giulivo 等，2017）的沉积物中报道的浓度相似或更高，但明显低于尼泊尔巴格马蒂河（Yadav 等，2018b）、西班牙阿尔加河和贝索斯河（Cristale 等，2013b）。TCEP、TCIPP 和 TDCPPP 的浓度低于之前的大部分报道，如中国的长江（Zha 等，2018）、韩国的石花湖（Lee 等，2018）和西班牙的纳隆河、阿尔加河和贝索斯河（Cristale 等，2013b）。这些结果表明，辽河受 OPEs 污染严重，尤其是 TNBP 和 TBOEP。因此，应采取一些有效措施，减少 OPEs 的排放，控制现有的 OPEs 污染。

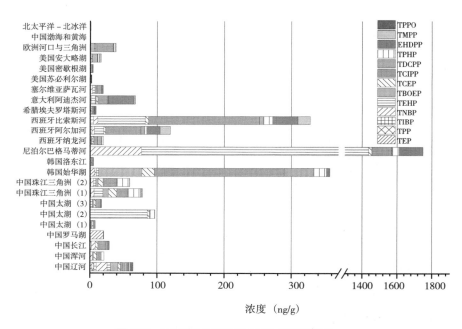

图 10.2　不同地区沉积物中 OPEs 的污染特征

10.3　辽河干流沉积物中有机磷酸酯的组成特征和相关性

图 10.3 显示了所有采样点表层沉积物中 OPEs 的组成特征。总的来说，烷基 OPEs 是辽河沉积物中最主要的化合物，相对贡献率从 34.6% 到 86.3% 不等，平均相对贡献率为 60.9%。氯代 OPEs、芳香基 OPEs 和 TPPO 对总浓度的贡献率较小，平均相对贡献率分别为 14.4%、13.2% 和 11.6%。在各单体 OPEs 中，TNBP 是辽河沉积物中含量最高的化学物

质，相对贡献率为 6.41% ~ 68.9%，平均相对贡献率为 26.3%。其次是 TBOEP 和 TPPO，平均相对贡献率分别为 12.4% 和 11.6%。其他 OPEs 的平均相对贡献率均低于 8.0%。TPP 占比最低，平均相对贡献率为 3.91%。这一结果与美国苏必利尔湖（Cao 等，2017）、中国太湖（Chen 等，2018）、韩国洛东河（Choo 等，2018）、希腊埃夫罗塔斯河（Giulivo 等，2017）等沉积物中 OPEs 的组成具有较大差异。在美国苏必利尔湖的沉积物中，TIBP 是最丰富的化合物（Cao 等，2017 年）；TEHP 是中国太湖沉积物中最主要的化学物质，占总 OPEs 的 90.4%（Chen 等，2018）；TBOEP 和 TCIPP 是韩国洛东河沉积物中最丰富的化合物（Choo 等，2018）；在希腊埃夫罗塔斯河沉积物中，EHDPP 和 TCIPP 是两种最丰富的 OPEs（Giulivo 等，2017）。不同河流沉积物中最丰富的 OPEs 是不同的，造成这种差异的原因可能是这些不同的研究选择了不同的目标 OPEs。另一个原因可能是不同地区的产业结构不同，然后导致 OPEs 的来源不同。TIBP 和 TNBP 是液压油、润滑油、变速箱油和机油的重要成分（Regnery 等，2011），可以从机械设备中释放出来。此外，TBP 还被广泛用于混凝土中的消泡剂、酪蛋白胶水中的润湿剂和颜料膏中的糊化剂（Marklund 等，2005）。TBOEP 被广泛用于塑料、橡胶、地板蜡以及电缆和电器生产中的添加剂（Marklund 等，2003）。TPPO 被广泛应用于有机合成和医药产品的合成中间体，也是许多过渡金属的

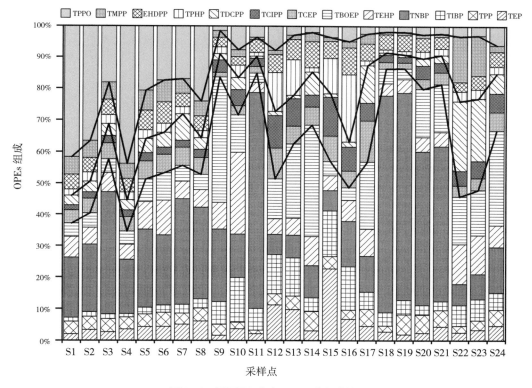

图 10.3　辽河沉积物中 OPEs 的组成特征

配体（Hu 等，2009）。这些相关产品的释放是辽河沉积物中高浓度 TIBP、TBOEP 和 TPPO 的原因。

此外，在不同采样点采集的沉积物中发现了 OPEs 组成成分的分布差异。这些分布差异也出现在美国密歇根湖和安大略湖中（Cao 等，2017）。在辽河上游（S1 ~ S8），烷基 OPEs 和 TPPO 是最丰富的 OPEs，TPPO 的浓度沿河水流向呈下降趋势。相反，烷基 OPEs 的浓度在增加，TNBP 是含量最多的烷基 OPEs。在辽河中下游（S9 ~ S24），烷基 OPEs 是最主要的 OPEs，平均相对贡献率为 67.4%。TNBP 和 TBOEP 是两种含量最高的烷基 OPEs。TPPO 的贡献率明显下降，平均相对贡献率仅为 3.59%。在辽河末端（S22、S23），TDCPPP 和 TMPP 的贡献率明显增加，平均相对贡献率分别为 20.8% 和 13.8%。

环境介质中单体 OPEs 之间的相关性可用于探索这些化合物可能的共同来源和环境行为。表 10.2 列出了 Spearman 相关系数和显著性水平。从表中可以看出，包括 TEP、TPP、TIBP、TEHP、TBOEP、TCEP、TCIPP、TPHP 和 EHDPP 在内的 9 个 OPEs 之间具有显著的相关性。但是，TNBP、TDCPPP、TMPP、TPPO 与这 9 个 OPEs 之间没有相关性，而且这 4 个 OPEs 之间也没有相关性。值得注意的是，部分 OPEs 之间有显著的相关性，但相关系数较低。通常采用更为严格的统计学标准，即相关系数大于 0.68 表示强相关或高相关（Taylor，1990）。根据这一标准，只有 TEP、TIBP、TBOEP 和 TCIPP 相互之间具有强相关性。强相关性意味着这些化合物可能具有共同的来源或相似的环境行为（Chen 等，2015；Langer 等，2016）。因此，TEP、TIBP、TBOEP 和 TCIPP 可能在本研究区具有共同来源。TNBP、TDCPPP、TMPPP 和 TPPO 可能来自不同的污染源或与其他 OPEs 有不同的环境行为。

10.4 辽河干流沉积物中有机磷酸酯的可能污染来源

正定矩阵因子分解（PMF）是一种有效的多变量因子分析工具，已成功用于识别许多污染物的可能来源（Luo 等，2020a）。本研究采用 PMF 5.0，浓度矩阵（C）和浓度的不确定度矩阵（U）作为模型的输入数据。在浓度矩阵中，丢失的浓度数据用该物种的平均浓度代替，小于 MDL 的浓度用 MDL 的一半代替。在不确定度矩阵中，浓度小于 MDL 时，$U = 5/6\ MDL$；否则，$U = [(\sigma_j \times C_{ij})^2 + (MDL)^2]^{1/2}$，其中 σ_j 为第 j 个物种浓度的 RSD。起初，根据信噪比将该物种分为"强""弱"或"坏"；然后，再根据模拟结果调整这些类别。这样做的是为了使模型稳定运行。当模型计算的 Q 值接近理论 Q 值，且残差在 +3 ~ −3 之间时，即认为模型运行稳定。如果模拟结果显示物种的测量值和预测值之间存在微弱的相关性，则应将该物种从模型中降权或排除。关于 PMF 的更多详细信息，包括原理和说明，可以从用户手册和以前的研究中获得（USEPA，2015）。

在本研究中，当模型稳定运行时，大部分样品中 13 种 OPEs 的残差是可以接受的，只有 1.92% 的残差超出了可接受范围。而且大部分 OPEs 的预测值与观测值之间具有良好的相关性。除 TNBP 和 TMPP 外，其他 OPEs 的相关系数均高于 0.76。TNBP 和 TMPP 的相关系数分别为 0.61 和 0.64。模型模拟结果，包括源剖面和贡献度，如图 10.4 所示。

因子 1 主要由 TPHP 和 TEP 主导，TCIPP 和 TIBP 的比重适中。TPHP 在液压流体、聚氯乙烯（PVC）、电子设备、铸造树脂、胶水、工程热塑性塑料、苯氧树脂和酚醛树脂中被用作阻燃剂和增塑剂（Van der Veen 等，2012）；在液晶显示电视（LCD-TV）、笔记本电脑、窗帘、插座、绝缘板、墙纸和建筑材料中，它也是被检测出的最普遍的成分（Kajiwara 等，2011）。此外，在计算机正常运行过程中，TPHP 可能会持续排放到室内空气中（Carlsson 等，1997）。TEP 被广泛添加到 PVC、聚酯树脂和聚氨酯泡沫中（Van der Veen 等，2012）。TCIPP 被广泛添加到聚氨酯泡沫中，而 TIBP 主要用作增塑剂、润滑剂和调节孔径（Van der Veen 等，2012）。而且，TCIPP 和 TIBP 也是建筑和装饰材料中检测到最主要的 OPEs（Wang 等，2017）。因此，因子 1 被认定为室内释放源。因子 2 以 TPPO 为主。TPPO 是一种化学中间体，用于各种化学反应，如配制某些阻燃剂（Hu 等，2009）。TPPO 还被用作化学反应中的结晶剂（Sternbeck 等，2012）。此外，它还是某些工业有机合成中形成的副产品（Dsikowitzky 等，2016），在石化和制药行业的废水中经常发现 TPPO（Emery 等，2005；Botalova 等，2009）。因此，因子 2 代表了化学工艺的贡献。

因子 3 主要由 TNBP 主导，TBOEP、TIBP 和 TEHP 的比重适中。包括 TNBP 和 TIBP 在内的 TBP 被广泛应用于消泡剂、液压油、涂料、金属络合物萃取剂和塑料中（Van der Veen 等，2012）。TNBP 是飞机液压油的重要成分，占比高达 79%（ATSDR，1997）。此外，TNBP 还被广泛用作润滑油和传动油中的极压添加剂和抗磨剂（ATSDR，1997；Marklund 等，2003）。TBOEP 广泛用于消泡剂、地板抛光剂、涂料、塑料和橡胶中，而 TEHP 则用于 PVC、纤维素、油漆和涂料、橡胶和聚氨酯泡沫中（Van der Veen 等，2012）。综上所述，消泡剂、液压油和涂料是添加 TNBP、TBOEP、TIBP 和 TEHP 的常见和主要产品。因此，因子 3 被标记为消泡剂、液压油和涂料的综合贡献。因子 4 主要由 TDCPPP、TCEP 和 TMPP 主导，EHDPP、TEHP 和 TPP 的比重适中。TDCPPP 和 TCEP 难以降解，广泛用于塑料、纺织品和聚氨酯泡沫中（Van der Veen 等，2012）。此外，TCEP 还用于聚氯乙烯、纤维素、涂料和聚酯树脂中（Andresen 等，2004）。TMPP 被广泛用于液压流体、聚氯乙烯、纤维素、切削油、塑料、聚苯乙烯、热塑性塑料和传输流体中（Van der Veen 等，2012）。EHDPP 是食品包装和涂料的主要成分（Brommer，2014），它还被作为增塑剂添加到液压流体中（Wei 等，2015）。TPP 主要与卤代和非卤代阻燃剂一起应用于聚氨酯泡沫中（Van der Veen 等，2012）。综上所述，塑料、纺织和聚氨酯泡沫是添加 TDCPPP、TCEP、TMPP、EHDPP、TEHP 和 TPP 的常见和主要产品。因此，因子 4 被视为塑料、纺织和聚氨酯泡沫塑料的综合贡献。4 个因素的相对贡献率分别为：因子 1（室内排放）

25.9%，因子 2（化学工艺排放）10.5%，因子 3（消泡剂、液压油和涂料）28.7%，因子 4（塑料、纺织品和聚氨酯泡沫塑料）34.9%。

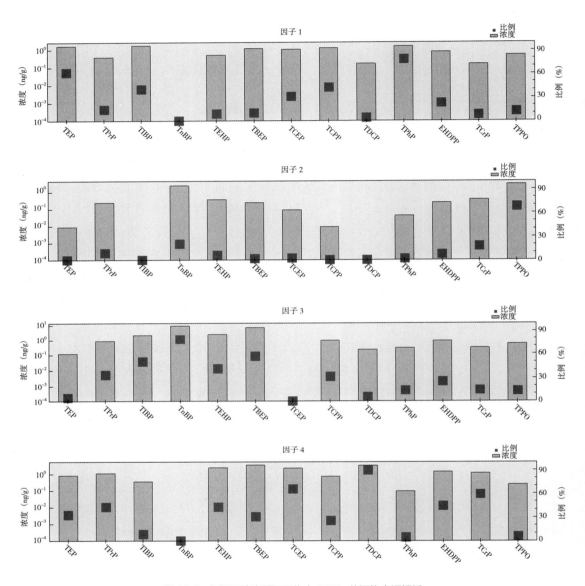

图 10.4　辽河干流表层沉积物中 OPEs 的污染来源解析

表 10.2　单体 OPEs 的相关性分析

	TPP	TIBP	TNBP	TEHP	TBOEP	TCEP	TCIPP	TDCPPP	TPHP	EHDPP	TMPP	TPPO
TEP	0.632**	0.802**	−0.031	0.658**	0.773**	0.928**	0.940**	0.238	0.817**	0.720**	−0.076	−0.39

	TPP	TIBP	TNBP	TEHP	TBOEP	TCEP	TCIPP	TDCPPP	TPHP	EHDPP	TMPP	TPPO
TPP	1	0.445*	0.285	0.620**	0.728**	0.606**	0.690**	0.384	0.452*	0.747**	0.243	−0.252
TIBP		1	0.021	0.800**	0.773**	0.722**	0.890**	0.201	0.790**	0.646**	0.009	−0.463*
TNBP			1	0.297	0.295	0.039	0.031	0.19	−0.216	0.407*	−0.103	−0.11
TEHP				1	0.907**	0.598**	0.757**	0.503*	0.556**	0.777**	0.256	−0.444*
TBOEP					1	0.750**	0.854**	0.510*	0.606**	0.857**	0.197	−0.410*
TCEP						1	0.903**	0.416*	0.774**	0.654**	0.056	−0.184
TCIPP							1	0.322	0.848**	0.759**	0.059	−0.389
TDCPPP								1	0.116	0.18	0.782**	0.328
TPHP									1	0.564**	−0.038	−0.450*
EHDPP										1	−0.076	−0.546**
TMPP											1	0.463*

**：显著相关，$P < 0.01$；*：显著相关，$P < 0.05$。

10.5　辽河干流沉积物中有机磷酸酯的生态风险评价

风险商（RQ）值通常用于评估水或沉积物中的 OPEs 对水生生物的风险（Xing 等，2018；Zeng 等，2018；Liu 等，2018）。RQ 值被定义为测量的环境浓度与预测的无效应浓度之比：

$$RQ_i = \frac{MEC_i}{PNEC_i} = \frac{MEC_i}{L(E)C_{50}/f}$$

其中，RQ_i 是每种化合物的 RQ；MEC 是测得的环境浓度；$PNEC$ 是预测的无效应浓度，等于藻类、甲壳类和鱼类的毒理学相关浓度［$L(E)C_{50}$］除以安全系数（f，1000）（Yan 等，2017）。在本研究中，只计算有 $L(E)C_{50}$ 的化合物的 RQ 值（表 10.4）。对于沉积物中污染物的生态风险评估，沉积物中的孔隙水被认为是水生生物的主要暴露途径（Yadav 等，2018b）。因此，本研究采用孔隙水中 OPEs 的浓度来计算沉积物中 OPEs 的 RQ。采用 Di Toro 等（1991）推荐的平衡分配法估算孔隙水中的污染物浓度：

$$MEC_{\text{pore water}} = \frac{1000 \times C_{s,i}}{K_{OC} \times \%\text{total organic carbon}}$$

其中，K_{OC} 值为有机碳分配系数（表 1.1）；$C_{s,i}$ 为每种化合物在沉积物中的浓度，ng/g。总有机碳（TOC）列于表 10.3。根据 RQ 的大小来评估生态风险的可能性。常见的生态风险排序标准为低风险（0.01 < RQ < 0.1）、中度风险（0.1 < RQ < 1）和高风险（RQ > 1）（Blair 等，2013）。

表 10.3　辽河沉积物的总有机碳含量

Site	TOC (%)	Site	TOC (%)
S1	0.39	S13	0.56
S2	0.54	S14	0.22
S3	0.11	S15	0.60
S4	0.61	S16	0.05
S5	0.58	S17	0.06
S6	0.08	S18	0.11
S7	0.34	S19	0.53
S8	0.42	S20	1.16
S9	0.40	S21	0.95
S10	0.57	S22	0.38
S11	0.05	S23	0.59
S12	0.52	S24	0.35

表 10.4　目标污染物的水生生物毒性数据

化合物	种类	半致死浓度 $[L(E)C_{50}$, mg/L$]$	预测无效应浓度 ($PNEC$, ng/L)	风险熵
TEP[a]	藻类（*Scenedesmus subspicatus*）	9.0×10^2	9.0×10^5	$3.32 \times 10^{-5} \sim 3.94 \times 10^{-3}$
	甲壳类动物（*Daphnia magna*）	3.5×10^2	3.5×10^5	$8.53 \times 10^{-5} \sim 1.01 \times 10^{-2}$
	鱼类（*Leuciscus idus*）	2.1×10^3	2.1×10^6	$1.42 \times 10^{-5} \sim 1.69 \times 10^{-3}$
TIBP[a]	藻类（*Scenedesmus subspicatus*）	34	3.4×10^4	$1.29 \times 10^{-5} \sim 5.32 \times 10^{-3}$
	甲壳类动物（*Daphnia magna*）	11	1.1×10^4	$3.98 \times 10^{-5} \sim 1.65 \times 10^{-2}$
	鱼类（*Leuciscus idus*）	20	2.0×10^4	$2.19 \times 10^{-5} \sim 9.05 \times 10^{-3}$
TNBP[a]	藻类（*Scenedesmus subspicatus*）	4.2	4.2×10^3	$6.86 \times 10^{-4} \sim 1.31 \times 10^{-1}$
	甲壳类动物（*Daphnia magna*）	3.65	3.65×10^3	$7.90 \times 10^{-4} \sim 1.50 \times 10^{-1}$
	鱼类（*Carassius auratus*）	8.8	8.8×10^3	$3.28 \times 10^{-4} \sim 6.24 \times 10^{-2}$
TEHP[a]	鱼类（*Oryzias latipes*）	5.0×10^2	5.0×10^5	$6.03 \times 10^{-10} \sim 8.78 \times 10^{-8}$

续表

化合物	种类	半致死浓度 [$L(E)C_{50}$, mg/L]	预测无效应浓度 (PNEC, ng/L)	风险熵
TBOEP[a]	甲壳类动物 (Daphnia magna)	75	7.5×10^4	$1.09 \times 10^{-6} \sim 4.48 \times 10^{-4}$
	鱼类 (Pimephales promelas)	13	1.3×10^4	$6.27 \times 10^{-6} \sim 2.58 \times 10^{-3}$
TCEP[a]	藻类 (Scenedesmus subspicatus)	51	5.1×10^4	$1.37 \times 10^{-4} \sim 3.14 \times 10^{-2}$
	甲壳类动物 (Daphnia magna)	3.3×10^2	3.3×10^5	$2.12 \times 10^{-5} \sim 4.85 \times 10^{-3}$
	鱼类 (Carassius auratus)	90	9.0×10^4	$7.77 \times 10^{-5} \sim 1.78 \times 10^{-2}$
TCIPP[a]	藻类 (Scenedesmus subspicatus)	45	4.5×10^4	$4.09 \times 10^{-5} \sim 9.22 \times 10^{-3}$
	甲壳类动物 (Daphnia magna)	91	9.1×10^4	$2.02 \times 10^{-5} \sim 4.56 \times 10^{-3}$
	鱼类 (Poecilia reticulata)	30	3.0×10^4	$6.13 \times 10^{-5} \sim 1.38 \times 10^{-2}$
TDCPPP[a]	藻类 (Scenedesmus subspicatus)	39	3.9×10^4	$1.02 \times 10^{-4} \sim 5.09 \times 10^{-2}$
	甲壳类动物 (Daphnia magna)	4.2	4.2×10^3	$9.47 \times 10^{-4} \sim 4.73 \times 10^{-1}$
	鱼类 (Carassius auratus)	5.1	5.1×10^3	$7.80 \times 10^{-4} \sim 3.90 \times 10^{-1}$
TPHP[a]	藻类 (Scenedesmus subspicatus)	0.5	5.0×10^2	$3.77 \times 10^{-4} \sim 4.67 \times 10^{-2}$
	甲壳类动物 (Daphnia magna)	1.0	1.0×10^3	$1.89 \times 10^{-4} \sim 2.33 \times 10^{-2}$
	鱼类 (Carassius auratus)	0.7	7.0×10^2	$2.69 \times 10^{-4} \sim 3.33 \times 10^{-2}$
EHDPP[b]	甲壳类动物 (Daphnia magna)	1.8×10^{-2}	18	$6.87 \times 10^{-3} \sim 7.01 \times 10^{-1}$
TMPP[a]	藻类 (Scenedesmus subspicatus)	0.29	2.9×10^2	$1.31 \times 10^{-4} \sim 1.83 \times 10^{-2}$
	甲壳类动物 (Daphnia magna)	0.27	2.7×10^2	$1.40 \times 10^{-4} \sim 1.97 \times 10^{-2}$
	鱼类 (Lepomis macrochirus)	0.11	1.1×10^2	$3.45 \times 10^{-4} \sim 4.83 \times 10^{-2}$
TPPO[b]	鱼类 (Pimephales promelas)	53.7	5.37×10^4	$4.36 \times 10^{-4} \sim 1.93 \times 10^{-2}$

a：急性毒性（LC_{50} 或 EC_{50}）数据来源于 Verbruggen et al., 2005。
b：急性毒性（LC_{50} 或 EC_{50}）数据来源于 https://cfpub.epa.gov/ecotox/index.cfm, EPA, America。

辽河干流表层沉积物中不同水生生物（包括藻类、甲壳类和鱼类）的 OPEs 平均 RQ 值见图 10.5A。如图 10.5A 所示，12 种 OPEs 的平均 RQ 值均低于 0.1，表明辽河干流表层沉积物中的 OPEs 对水生生物的潜在不利影响风险较低。但甲壳类动物受 EHDPP 影响的风险应引起警惕，其平均 RQ 值高达 0.075，并且有 5 个采样点的 RQ 值高于 0.1，最高的 RQ 值为 0.70。此外，TNBP 和 TDCPPP 也值得关注，因为它们的平均 RQ 值相对较高，部分采样点的 RQ 值超过了 0.1。在太湖的沉积物中，EHDPP 对水蚤的风险也较高（Liu 等，2018）；EHDPP 也是骆马湖地表水中 OPEs 生态风险的最显著贡献者（Xing 等，2018）。这可能是由于 EHDPP 对水生生物的高急性毒性所致。

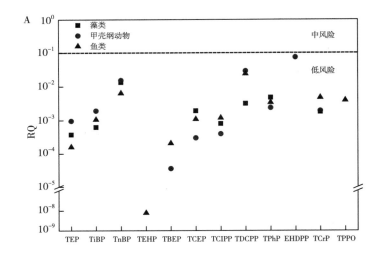

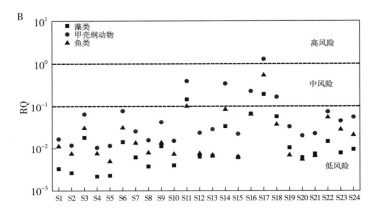

图 10.5 辽河沉积物中 OPEs 的生态风险评价

辽河干流表层沉积物中的 OPEs 总 RQ 值分布如图 10.5B 所示。从图中可以看出，辽河上游和下游的潜在不利影响风险较低，其总 RQ 值均在 0.1 以下。但中游有 5 个采样点对水生生物潜在的不利影响风险为中等。其中，2 个采样点（S11 和 S17）对 3 种水生生物均有影响，3 个采样点（S14、S16 和 S18）仅对甲壳类有影响。值得注意的是，采样点 S17 对甲壳类的潜在不利影响风险较高，总 RQ 值为 1.30。此外，所有沉积物样品中甲壳类的不利影响风险均高于藻类和鱼类。这主要是由于 EHDPP 对甲壳类动物的 RQ 值较高造成的。由于缺乏 EHDPP 对藻类和鱼类的毒性数据，本研究没有考虑其对藻类和鱼类的潜在不利影响风险。总之，应更多地关注 EHDPP 对水生生物造成的生态风险。

10.6 结论

OPEs 污染广泛存在于辽河干流表层沉积物中，烷基 OPEs 的浓度是最高的，特别是 TNBP 和 TBOEP。OPEs 污染从辽河上游向下游增加。与其他地区沉积物相比，辽河已被 OPEs 严重污染，尤其是 TNBP 和 TBOEP。TNBP 是最丰富的 OPEs，其次是 TBOEP 和 TPPO。辽河干流沉积物中 OPEs 的可能污染来源为塑料、纺织和聚氨酯泡沫综合源，消泡剂、液压油和涂料综合源，室内排放，以及化学工艺排放等 4 种。OPEs 对水生生物的潜在不利影响较低，EHDPP 是造成风险的主要物质。

11　辽河口湿地沉积物中有机磷酸酯的污染特征

11.1　辽河口湿地沉积物中有机磷酸酯的含量水平与空间分布

于 2019 年 3 月（枯水期）、7 月（丰水期）和 11 月（平水期）在辽河口湿地 26 个采样点（S1 ~ S24）用不锈钢抓斗，共采集 78 个表层沉积物样品（图 11.1）。沉积物样品经冰浴运输至实验室后，冷冻干燥、研磨、过 1 mm 筛后，采用本课题组建立的土壤中有机磷酸酯同时加速溶剂萃取与净化分析方法进行萃取与分析。

辽河口湿地表层沉积物在枯水期、丰水期和平水期的 OPEs 浓度见表 11.1。在 3 个不同水期，13 种 OPEs 的检出率均为 100%，13 种 OPEs 的浓度范围为 19.5 ~ 67.0 ng/g，平均浓度为 30.6 ng/g。一般而言，烷基 OPEs（包括 TEP、TPP、TIBP、TNBP、TEHP 和 TBOEP）和氯代 OPEs（包括 TCEP、TCIPP 和 TDCPPP）的浓度显著超过芳香基 OPEs（包括 TPHP、EHDPP 和 TMPP）和 TPPO 的浓度，分别占 OPEs 总浓度的 57.2%、35.0%、5.62% 和 2.06%。烷基、氯代和芳香基 OPEs 以及 TPPO 的浓度范围分别为 9.82 ~ 33.7 ng/g（平均值：17.5 ng/g）、4.30 ~ 35.7 ng/g（10.7 ng/g）、0.47 ~ 5.91 ng/g（1.72 ng/g）和 0.05 ~ 2.44 ng/g（0.63 ng/g）。虽然很少有关于河口湿地沉积物中 OPEs 污染的报道，但我们还是把我们的研究结果与世界各地河流、湖泊和海洋沉积物 OPEs 的污染情况进行了比较。与之前在中国辽河（13 OPEs，64.2 ng/g）（Luo 等，2020b）、太湖（12 OPEs，97.0 ng/g）（Liu 等，2018）和珠江口（11 OPEs，54.9 ng/g）（Hu 等，2017）以及意大利阿迪杰河（13 OPEs，82.6 ng/g）（Giulivo 等，2017）、塞尔维亚萨瓦河（13 OPEs，50.1 ng/g）（Giulivo 等，2017）的研究相比，本研究中沉积物中的 OPEs 浓度与它们处在相同的数量级，但比它们低 2 ~ 3 倍。本研究中的 OPEs 浓度与欧洲河口和三角洲（8 OPEs，38.1 ng/g）（Wolschke 等，2018）相似，但高于希腊埃夫罗塔斯河（13 OPEs，10.4 ng/g）（Giulivo 等，2017）和美国五大湖（14 OPEs，8.99 ng/g）（Cao 等，2017），并显著高于中国渤海和黄海（8 OPEs，0.52 ng/g）（Zhong 等，2018 年）和北太平洋至北冰洋（7 OPEs，0.88 ng/g）（Ma 等，2017 年）。然而，

与韩国石花湖（18 OPEs，381 ng/g）（Lee 等，2018）和尼泊尔巴格马蒂河（8 OPEs，2660 ng/g）（Yadav 等，2018a）相比，本研究中沉积物中的 OPEs 浓度明显较低，仅为其十分之一或百分之一。

表 11.1　辽河口湿地沉积物中 OPEs 浓度的统计值

OPEs	枯水期		丰水期		平水期	
	浓度范围	平均值 ± 标准偏差	浓度范围	平均值 ± 标准偏差	浓度范围	平均值 ± 标准偏差
TEP	0.80 ~ 7.10	2.21 ± 1.29	0.53 ~ 2.00	0.79 ± 0.37	0.49 ~ 2.56	1.05 ± 0.56
TPP	0.33 ~ 2.23	0.91 ± 0.43	0.59 ~ 2.23	1.14 ± 0.41	0.31 ~ 2.64	0.69 ± 0.48
TIBP	0.93 ~ 5.34	2.86 ± 1.41	1.21 ~ 4.53	2.31 ± 0.84	1.34 ~ 6.90	2.76 ± 1.22
TNBP	4.62 ~ 25.3	11.1 ± 5.29	6.70 ~ 11.9	8.48 ± 1.58	4.65 ~ 14.3	7.74 ± 2.74
TEHP	0.87 ~ 4.22	2.26 ± 0.92	0.31 ~ 2.47	0.88 ± 0.60	1.28 ~ 6.60	2.64 ± 1.16
TBOEP	0.47 ~ 5.61	1.39 ± 1.28	1.56 ~ 3.85	1.96 ± 0.49	0.89 ~ 2.09	1.42 ± 0.41
TCEP	0.49 ~ 7.75	2.91 ± 1.61	0.48 ~ 2.55	1.11 ± 0.48	1.02 ~ 3.48	1.64 ± 0.69
TCIPP	1.86 ~ 26.6	9.36 ± 6.06	4.65 ~ 9.01	5.66 ± 1.01	2.17 ~ 13.5	7.73 ± 2.68
TDCPPP	0.10 ~ 3.07	0.84 ± 0.82	0.43 ~ 1.08	0.59 ± 0.19	1.18 ~ 4.52	2.37 ± 0.84
TPHP	0.13 ~ 2.36	0.55 ± 0.47	0.13 ~ 0.47	0.21 ± 0.08	0.21 ~ 0.95	0.42 ± 0.23
EHDPP	0.18 ~ 3.77	2.06 ± 1.29	0.23 ~ 0.82	0.38 ± 0.14	0.26 ~ 0.92	0.43 ± 0.19
TMPP	0.10 ~ 1.14	0.41 ± 0.32	0.19 ~ 0.68	0.31 ± 0.12	0.26 ~ 1.09	0.40 ± 0.19
TPPO	0.05 ~ 2.44	0.66 ± 0.78	0.67 ~ 1.94	0.88 ± 0.26	0.22 ~ 0.76	0.36 ± 0.14
$\sum$Alkyl-OPEs	9.82 ~ 33.7	20.7 ± 6.06	11.8 ~ 23.2	15.6 ± 3.02	10.5 ~ 23.3	16.3 ± 3.72
$\sum$Cl-OPEs	4.30 ~ 35.7	13.1 ± 6.98	6.04 ~ 11.4	7.36 ± 1.30	5.53 ~ 17.1	11.7 ± 2.81
$\sum$Aryl-OPEs	0.47 ~ 5.91	3.02 ± 1.66	0.55 ~ 1.97	0.90 ± 0.33	0.78 ~ 2.60	1.26 ± 0.46
$\sum_{13}$OPEs	19.5 ~ 67.0	37.5 ± 11.4	19.7 ~ 32.6	24.7 ± 3.91	21.1 ~ 38.6	29.7 ± 4.95

　　总的来说，枯水期的 OPEs 浓度高于平水期和丰水期（表 11.1 和图 11.1）。枯水期、平水期和丰水期 13 种 OPEs 的浓度分别为 19.5 ~ 67.0 ng/g（37.5 ng/g）、21.1 ~ 38.6 ng/g（29.7 ng/g）和 19.7 ~ 32.6 ng/g（24.7 ng/g）。Li 等（2018b）报道，珠江口河流沉积物中抗生素的浓度在不同季节没有显著变化，但沿海沉积物中抗生素的浓度在丰水期高于枯水期。然而，Cenci 和 Martin（2004）发现旱季和雨季对湄公河三角洲海岸沉积物中的微量重金属浓度没有显著影响。有研究表明，由于地表径流和大气湿沉降的增加，雨季沿海沉积物中的多环芳烃浓度普遍高于旱季（Nascimento 等，2017；Balgobin and Singh，2019）。但另

一些研究指出，由于洪水的稀释作用，雨季沿海沉积物中的多环芳烃浓度低于旱季（Liu 等，2016；Malik 等，2011）。沉积物中污染物的季节变化一般与污染物的种类和性质、沉积物的位置、污染来源等因素有关。在辽河口湿地，Lang 等（2012）发现，不同月份采集的沉积物中多环芳烃的浓度呈现如下规律：10 月＞5 月＞8 月，这与本研究中 OPEs 的季节变化相似。

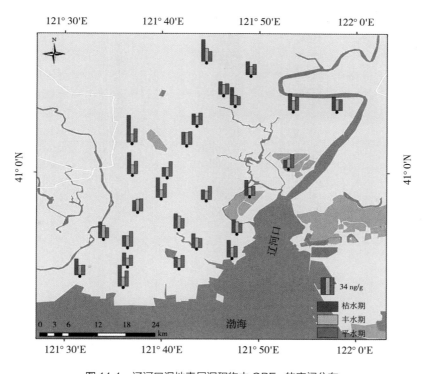

图 11.1 辽河口湿地表层沉积物中 OPEs 的空间分布

辽河口湿地表层沉积物中 OPEs 在枯水期、丰水期和平水期的空间分布如图 11.1 所示。从图中可以看出，辽河口湿地保护区外围的 OPEs 浓度高于核心区。这可能是因为辽河口湿地保护区周边靠近人类活动区，受到人类活动的干扰，而 OPEs 作为阻燃剂和塑化剂已广泛应用于人类生产生活的方方面面。此外，近海水产养殖也可能导致沿海一些采样点的 OPEs 浓度升高。总的来说，辽河口湿地保护区表层沉积物中有机磷酸酯在丰水期的分布比枯水期和平水期更为均匀，这可能是由于丰水期受污染沉积物颗粒的再悬浮和再分布造成的。

11.2   辽河口湿地沉积物中有机磷酸酯的组成特征

辽河口湿地表层沉积物中 OPEs 的平均组成如图 11.2 所示。总的来说，TNBP 是主要的 OPEs，占 13 种 OPEs 的 29.7%，其次是 TCIPP 和 TIBP，分别占 24.8% 和 8.63%。

TMPP 和 TPHP 所占份额最小，对 13 种 OPEs 的相对贡献率分别为 1.22% 和 1.29%。辽河口湿地表层沉积物中 OPEs 的组成与辽河相似，但也存在差异（Luo 等，2020b）。如辽河表层沉积物中 TNBP 也是主要的 OPEs，占 13 种 OPEs 的 26.3%，而 TCIPP 的相对贡献率仅为 4.39%（Luo 等，2020b）。说明辽河口湿地 OPEs 的污染是由辽河和其他污染源共同造成的。

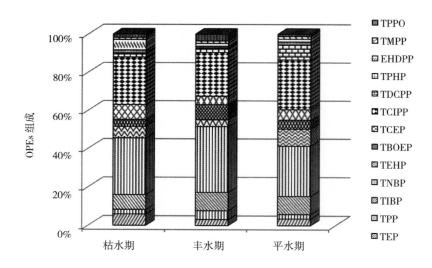

图 11.2　辽河口湿地表层沉积物中 OPEs 的组成特征

不同研究区沉积物中 OPEs 的组成有较大差异。美国苏必利尔湖沉积物中 TIBP 含量最高，占 $\sum_{14}$OPEs 的 46.6%；美国密西根湖沉积物中 TBOEP 和 TMPP 含量最高，分别占 $\sum_{14}$OPEs 的 34.8% 和 30.4%；美国安大略湖沉积物中 TBOEP 是主要 OPEs，占 $\sum_{14}$OPEs 的 44.2%（Cao 等，2017）。在中国太湖沉积物中，TEHP 对 $\sum_{12}$OPEs 的相对贡献率在 31.6% ～ 99.6% 之间（Liu 等，2018）。在韩国石花湖沉积物中，TCIPP 对 $\sum_{18}$OPEs 的相对贡献为 50.9%（Lee 等，2018）。在意大利阿迪杰河沉积物中，EHDPP 和 TCIPP 的浓度最高，分别占 $\sum_{13}$OPEs 的 45.2% 和 18.0%（Giulivo 等，2017）。在本研究中，TNBP 和 TCIPP 是辽河口湿地表层沉积物的优势 OPEs，分别占 $\sum_{13}$OPEs 的 29.7% 和 24.8%。不同地区 OPEs 组成的差异表明，OPEs 污染具有高度的区域性，与当地产业结构密切相关。TBP 分别作为抗磨剂、消泡剂、润湿剂和糊剂广泛应用于润滑油、混凝土、酪蛋白胶和颜料糊中（Marklund 等，2005；Regnery 等，2011）。TCIPP 作为一种添加剂越来越多地应用于聚合物中，如聚氨酯泡沫（Van der Veen 和 De Boer，2012）。辽河口湿地沉积物中 TNBP 和 TCIPP 的高比例可能是该地区大量使用相关产品导致释放的结果。

不同水期辽河口湿地沉积物中 OPEs 的组成有一定的差异。尽管 TNBP、TCIPP 和 TIBP 一直是最丰富的 OPEs，但它们所占的比例在不同的水期有很大差异。TNBP 对

$\sum_{13}$OPEs 的相对贡献在枯水期为 29.5%，丰水期为 34.4%，平水期为 26.1%。TCIPP 与 TNBP 的变化趋势不同，枯水期占 $\sum_{13}$OPEs 的 25.0%，丰水期下降到 22.9%，平水期又上升到 26.1%。枯水期、丰水期和平水期 TIBP 对 $\sum_{13}$OPEs 的相对贡献率分别为 7.62%、9.37% 和 9.30%。枯水期和丰水期 TDCPPP 的相对贡献率分别为 2.24% 和 2.39%，平水期则增加到了 7.98%。枯水期 EHDPP 的相对贡献率为 5.50%，而丰水期和平水期 EHDPP 的相对贡献率分别仅为 1.52% 和 1.45%。Shi 等（2016）报道，中国北京城市地表水中 OPEs 的含量和组成存在明显的季节差异。此外，以往的研究也观察到沉积物中多环芳烃组成特征的季节变化（Lang 等，2012；Balgobin and Singh，2019）。这一组成特征的差异表明，不同水期污染物的污染来源可能不同。

11.3　辽河口湿地沉积物中有机磷酸酯的可能污染来源

11.3.1　主成分分析法

本研究采用 SPSS24.0（美国 SPSS 公司）和 Originpro2019b（美国 OriginLab 公司）软件进行主成分分析（PCA）。特征值大于 1 是主成分（PC）提取的标准。根据这一标准，本研究提取了 5 个 PC，累积方差为 80.9%（第一个 PC 为 26.1%，第二个 PC 为 22.1%，第三个 PC 为 12.7%，第四个 PC 为 11.4%，第五个 PC 为 8.7%）。为了便于分析，选择了前 3 个主成分的得分和载荷图来解释主成分和载荷之间的关系。图 11.3 显示了 3 个采样期辽河口湿地沉积物中 OPEs 的主成分分析结果。

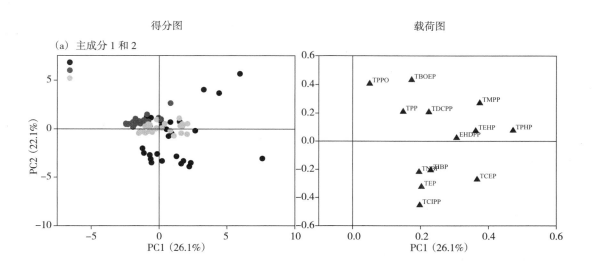

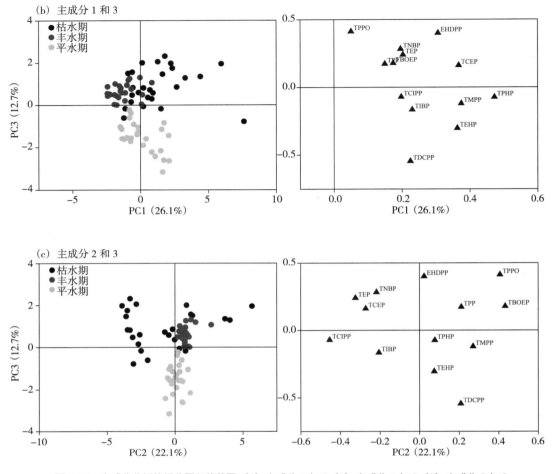

图 11.3　主成分分析的得分图和载荷图：(1) 主成分 1 与 2；(2) 主成分 1 与 3；(3) 主成分 2 与 3

　　总的来说，枯水期、丰水期和平水期的样本是相互分开的（图 11.3），这表明这 3 个时期的 OPEs 污染来源可能是不同的。枯水期样品的位置主要位于得分图的底部（图 11.3a）、右上角（图 11.3b）和左上角（图 11.3c），以 TEP、TIBP、TNBP、TCEP 和 TCIPP 为特征。TCIPP 和 TCEP 是中国北方城市道路扬尘中丰富的 OPEs，占总 OPEs 的 60% 以上（Li 等，2018c）。TIBP 是中国沈阳城市表土中的主要 OPEs，占 $\sum_{13}$OPEs 的 42%（Luo 等，2018a）。此外，TNBP 是中国辽河表层沉积物中最主要的 OPEs（Luo 等，2020b）。因此，大气干沉降和辽河泥沙输入可能是枯水期辽河口湿地沉积物中 OPEs 的重要污染来源。

　　丰水期样本主要位于得分图的左上角（图 11.3a 和图 11.b）和右上角（图 11.3c），TPP、TBOEP 和 TPPO 的比例较高。在包括辽河在内环渤海地区的 40 条主要河流中检测到了 TPPO，平均浓度高达 224 ng/L（Wang 等，2015）。辽河表层沉积物中 TBOEP 和 TPPO 含量丰富，分别占 $\sum_{13}$OPEs 的 12.4% 和 11.6%（Luo 等，2020b）。因此，河流输入，特别是辽河输入，可能是丰水期辽河口湿地表层沉积物中 OPEs 的重要污染来源。平水期样本主要位于得分图的右上方（图 11.3a）和底部（图 11.3b 和图 11.3c），以 TEHP、TDCPPP、TPHP 和 TMPP 为特征。TEHP 和 TMPP 是中国北方城市污水处理厂污泥中最丰富的 OPEs，占 $\sum_{14}$OPEs 的 52.8%（Gao 等，2016）。TMPP 也是中国一些污水处理厂出水和污泥样本中的主要 OPEs（Zeng 等，2014；Zeng 等，2015）。因此，废水 / 再生水再利用和污泥利用可能是平水期 OPEs 的重要污染来源。

11.3.2　正定矩阵因子分解法

本研究以绝对残差、观测值与预测值的相关系数、模型计算 Q 值 / 理化 Q 值的比值的变化为标准，测试 2~7 个正定矩阵因子（PMF），最终选出 5 个因子。基于 PMF 的污染来源识别结果如图 11.4 所示。

从图 11.4a 可以看出，因子 1 主要由 TCEP 和 TCIPP 组成。TCEP 和 TCIPP 作为氯代 OPEs，难以降解，主要作为阻燃剂应用于商业产品（Van der Veen 和 De Boer，2012）。TCIPP 主要用于聚氨酯泡沫（WHO，1998；Andresen 等，2004）。TCEP 广泛添加到纺织品、PVC、涂料、纤维素、聚氨酯泡沫和聚酯树脂中（WHO，1998；Andresen 等，2004）。此外，由于 TCEP 的致癌毒性，TCIPP 常被用作其替代品（WHO，1998；Björklund 等，2004）。因此，因子 1 被标记为聚氨酯泡沫的贡献。因子 2 主要由 TIBP 和 TEP 组成（图 11.4a）。TEP 和 TIBP 属于烷基 OPEs，主要用作增塑剂（Andresen 等，2004）。TEP 广泛应用于 PVC、聚酯树脂和聚氨酯泡沫（WHO，1997；EFRA，2011）。TIBP 通常用于调节孔径，也添加到润滑剂中（Andresen 等，2004）。因此，因子 2 被确定为塑料的贡献。

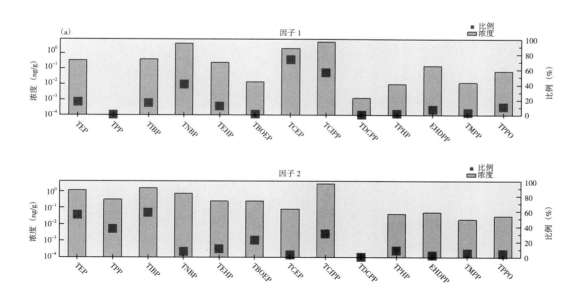

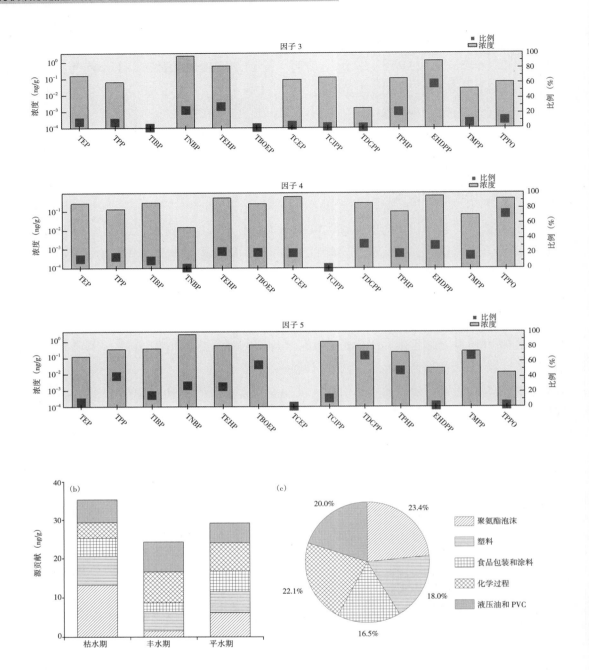

图 11.4　PMF 的源解析结果：(a) 5 个因子的 OPEs 组成；(b) 各水期各污染源的贡献；(c) 整个采样周期各污染源的源相对贡献

　　因子 3 主要由 EHDPP 组成（图 11.4a）。EHDPP 作为一种增塑剂，被广泛添加到食品包装和涂料中，占了很大比例（Brommer，2014）。因此，因子 3 被确定为食品包装和涂料的贡献。因子 4 主要由 TPPO 构成（图 11.4a）。TPPO 是一些化学反应中的中间体或结晶剂，也是一些有机合成过程中的副产物（Dsikowitzky 等，2016；Hu 等，2009；Sternbeck 等，2012），经常在石化和制药废水中检测到（Emery 等，2005；Botalova，2009）。因此，因子 4 被标记为化学工艺的贡献。从图 11.4a 可以看出，因子 5 主要由 TDCPPP、TMPP、TBOEP 和 TPHP 控制。TDCPPP 常用于 PVC、塑料、涂料、涂料、墙纸和纺织品中作为阻燃剂（Andresen 等，2004）。Wang 等（2017）发现，TDCPPP 在 PVC 墙纸和 PVC 管道中的浓度相对较高，在总 OPEs 中所占比例也较高。TBOEP 通常应用于塑料、橡胶和防泡沫剂中（Van der Veen 和 De Boer，2012）。TPHP 通常用于工程热塑性塑料、PVC 和液压流体（Van der Veen 和 De Boer，2012）。TMPP 广泛应用于液压流体、PVC、塑料、聚苯乙烯和热塑性塑料（WHO，1997；Lassen 和 Lokke，1999；Bolgar 等，2008）。因此，因子 5 被标记为液压液和 PVC 的综合贡献。

不同水期辽河口湿地表层沉积物中 OPEs 的主要污染来源不同（图 11.4b），与主成分分析的结果一致。但将 3 个水期作为一个整体，各污染源的贡献差异不大（图 11.4c）。聚氨酯泡沫、塑料、食品包装和涂料、化学工艺、液压液和 PVC 的相对贡献率分别为 23.4%、18.0%、16.5%、22.1% 和 20.0%（图 11.4c）。

11.4 辽河口湿地沉积物中有机磷酸酯的风险评估

11.4.1 生态风险评价

由于部分 OPEs 的水生生物毒性数据不足，因此仅对有毒性数据的 OPEs 进行了生态风险评估，结果如图 11.5 所示。从图中可以看出，所有目标 OPEs 的平均风险商（RQ）值都远小于 0.1，大多数 OPEs 的最大 RQ 值也都低于 0.1。唯一值得注意的是，在枯水期，EHDPP 对甲壳类动物的最大 RQ 值大于 0.1。Blair 等（2013）构建了一般生态风险评估标准，0.01 < RQ < 0.1 表示低风险，0.1 < RQ < 1 表示中等风险，RQ > 1 表示高风险。根据这一标准，辽河口湿地表层沉积物中 OPEs 对水生生物潜在不利影响的风险较低。这一结果与骆马湖（Xing 等，2018）、太湖（Liu 等，2018）和辽河（Luo 等，2020b）沉积物 OPEs 的生态风险评估结果一致。在 12 个 OPEs 中，EHDPP 的 RQ 值最大，特别是 EHDPP 的最大 RQ 值大于 0.1，属于中等风险。这主要是因为 EHDPP 对水生生物的毒性相对较高。太湖和辽河沉积物（Liu 等，2018；Luo 等，2020b）和骆马湖表层水中（Xing 等，2018）也发现 EHDPP 具有较高的生态风险。因此，从生态风险的角度来看，EHDPP 污染应该引起重视。此外，辽河口湿地表层沉积物 OPEs 生态风险存在季节性差异。这种差异是由不同采样时期沉积物中 OPEs 的浓度和总有机碳含量决定的。总的来说，对于大多数 OPEs 来说，枯水期的生态风险最高。

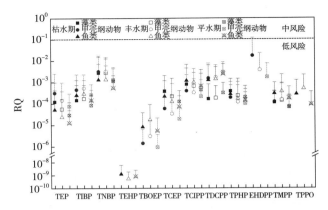

图 11.5 辽河口湿地表层沉积物中 OPEs 对藻类、甲壳类和鱼类的生态风险。符号表示平均 RQ，而条形表示最大 RQ

11.4.2 健康风险评价

沉积物中 OPEs 通过水产品摄入危害人类健康的风险评估结果如图 11.6 所示。8 种 OPEs 的个体和总非致癌风险均显著低于 1×10^{-4}。美国环保局（2011）认为 1 是可接受的非致癌风险水平。这说明辽河口湿地沉积物中的 OPEs 通过食用水产品对人类的非致癌风险是可以忽略的。Xing 等（2018）报道，骆马湖表层水中 OPEs 的非致癌风险约为 3×10^{-3}，显著高于本研究结果。但从表层沉积物中 OPEs 的含量来看，骆马湖的 OPEs 污染水平与辽河口湿地相似。因此，食用从沉积物中富集 OPEs 的水产品所造成的健康风险低于直接饮用水。原因可能是鱼和虾对 OPEs 的生物 – 沉积物富集因子（BSAFs）较低（Wang 等，2019b；Giulivo 等，2017；Hou 等，2017）。

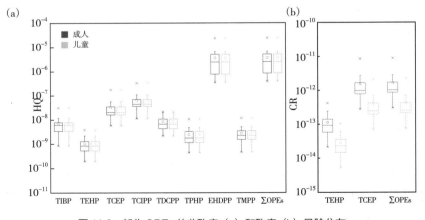

图 11.6 部分 OPEs 的非致癌（a）和致癌（b）风险分布

在 8 个 OPEs 中，EHDPP 引起的非致癌风险最高，约占总非致癌风险的 95%。这主要是由于 EHDPP 的沉积物富集因子（BSAF）较高，经口摄入参考剂量（RfD）较低（Wang 等，2019b；EFSA，2005）。在沈阳城市土壤中，EHDPP 也显示出相对较高的非致癌风险（Luo 等，2020c）。不同年龄组的非致癌危险性无显著差异。OPEs 对成人和儿童的非致癌风险几乎相同，这与骆马湖的结果一致（Xing 等，2018）。这是由成人和儿童不同暴露参数的综合作用造成的。

由于部分 OPEs 缺乏 BSAF 和经口摄入致癌系数（SFO），仅对 TEHP 和 TCEP 的致癌风险进行了评价。TEHP 和 TCEP 的 CR 值及其总 CR 值均远低于 1×10^{-11}。美国环保局（2011）认为 $10^{-6} \sim 10^{-4}$ 是致癌风险的可接受范围。这意味着辽河口湿地沉积物中 OPEs 的致癌风险可以忽略不计。TCEP 的致癌风险约占总致癌风险的 90%，是 TEHP 的 10 倍左右。这与骆马湖的结果一致，即 TCEP 是主要的致癌 OPEs，约占总致癌风险的 80%（Xing 等，2018）。与非致癌风险不同，致癌风险在年龄组间存在显著差异。OPEs 对成人的致癌风险是儿童的 4 倍左右。然而，在骆马湖的研究中，OPEs 对成人和儿童的致癌风险相似（Xing 等，2018）。这主要是由于这两项研究选择了不同的暴露参数造成的。

11.5 结论

辽河口湿地沉积物中 OPEs 的浓度具有明显的季节性变化，枯水期＞平水期＞丰水期。辽河口湿地保护区外围的 OPEs 污染高于核心区。总的来说，烷基 OPEs 和氯代 OPEs 的浓度明显高于芳香基 OPEs 和 TPPO，TNBP 是主要的 OPEs，其次是 TCIPP 和 TIBP。PCA 和 PMF 表明，OPEs 的污染源也存在季节性变化。PMF 进一步确定了 5 种可能的来源，即聚氨酯泡沫、塑料、食品包装和涂料、化学工艺以及液压液和 PVC。OPEs 对水生生物的生态风险较低，对人类的非致癌和致癌风险也远低于可接受水平。EHDPP 是引起生态和非致癌风险的主要化合物，TCEP 的致癌风险最高，应引起重视。

参考文献

[1] Abou–Donia MB, Lapadula DM. Mechanisms of organophosphorus ester–induced delayed neurotoxicity: type I and type II [J]. Annual review of pharmacology and toxicology, 1990, 30: 405–440.

[2] Abdallah MA, Covaci A. Organophosphate flame retardants in indoor dust from Egypt: implications for human exposure [J]. Environmental Science & Technology, 2014, 48(9): 4782.

[3] Agarwal T, Bucheli TD. Is black carbon a better predictor of polycyclic aromatic hydrocarbon distribution in soils than total organic carbon? [J]. Environmental Pollution, 2011, 159: 64–70.

[4] Ali N, Dirtu AC, Eede NVD, et al. Occurrence of alternative flame retardants in indoor dust from New Zealand: Indoor sources and human exposure assessment. Chemosphere, 2012, 88: 1276.

[5] Andresen JA, Grundmann A, Bester K. Organophosphorus flame retardants and plasticisers in surface waters [J]. Sci. Total Environ., 2004, 332: 155–166.

[6] Aragón M, Marcé RM, Borrull F. Determination of phthalates and organophosphate esters in particulated material from harbour air samples by pressurised liquid extraction and gas chromatography–mass spectrometry [J]. Talanta, 2012, 101(1): 473–478.

[7] ATSDR. Toxicological Profile for Hydraulic Fluids. U.S. Department of Health and Human Services [M]. Agency for Toxic Substances and Disease Registry, Atlanta, GA. 1997.

[8] Balgobin A, Singh N.R. Source apportionment and seasonal cancer risk of polycyclic aromatic hydrocarbons of sediments in a multi–use coastal environment containing a Ramsar wetland, for a Caribbean island [J]. Sci. Total Environ, 2019, 664: 474–486.

[9] Bester F. Comparison of TCIPP concentrations in sludge and waste water in a typical German sewage treatment plant–comparison of sewage sludge from 20 plants [J]. Journal of Environmental Monitoring, 2005, 7(5): 509–513.

[10] Berdasco N, Mccready D. Risk assessment and class–based evaluation of three phosphate esters [J]. Human & Ecological Risk Assessment An International Journal, 2011, 17: 367.

[11] Björklund J, Isetun S., Nilsson U. Selective determination of organophosphate flame retardants and plasticizers in indoor air by gas chromatography, positive–ion chemical ionization and collision–induces dissociation mass spectrometry [J]. Rapid Commun. Mass Spectr., 2004, 18: 3079–3083.

[12] Blair BD, Crago J.P., Hedman C.J., et al. Pharmaceuticals and personal care products found in the Great Lakes above concentrations of environmental concern [J]. Chemosphere, 2013, 93: 2116–2123.

[13] Botalova O, Schwarzbauer J., Frauenrath T., et al. Identification and chemical characterization of specific organic constituents of petrochemical effluents [J]. Water Res., 2009, 43: 3797–3812.

[14] Bolgar M, Hubball J, Groeger J, et al. Handbook for the Chemical Analysis of Plastic and Polymer Additives [M]. CRC Press Taylor & Francis Group, New York (2007025615), 2008.

[15] Brommer S, Harrad S, Van den Eede N, et al. Concentrations of organophosphate esters and brominated flame retardants in German indoor dust samples [J]. Journal of Environmental Monitoring, 2012, 14(9): 2482–2487.

[16] Brommer S. Characterizing Human Exposure to Organophosphate ester Flame Retardants [D]. A PhD Thesis Submitted to Birmingham Division of Environmental Health and Risk Management College of Life and Environmental Sciences. School of Geography, Earth and Environmental Sciences, The University of Birmingham, Edgbaston, B15 2TT, United Kingdom. 2014.

[17] Brommer S, Harrad S. Sources and human exposure implications of concentrations of organophosphate flame retardants in dust from UK cars, classrooms, living rooms, and offices [J]. Environment International, 2015, 83: 202–207.

[18] Buchholz KD, Pawliszyn J. Determination of phenols by solid–phase microextraction and gas chromatographic analysis [J]. Environmental science & Technology, 1993, 27(13): 2844–2848.

[19] Campone L, Piccinelli AL, Östman C, et al. Determination of organophosphorous flame retardants in fish tissues by matrix solid phase dispersion and gas chromatography [J]. Anal Bioanal Chem. 2010, 397: 799–806.

[20] Cao S, Zeng X, Song H, et al. Levels and distributions of organophosphate flame retardants and plasticizers in sediment from Tihu Lake, China [J]. Environ. Toxicol. Chem., 2012, 31: 1478–1484.

[21] Cao D, Guo J, Wang Y, et al. Organophosphate esters in Sediment of the Great Lakes [J]. Environ Sci Technol., 2017, 51(3): 1441–1449.

[22] Carlsson H, Nilsson U, Becker G, et al. Organophosphate ester Є flame retardants and plasticizers in the indoor environment: analytical methodology and occurrence [J]. Environ. Sci. Technol., 1997, 31: 2931–2936.

[23] Castrojiménez J, Berrojalbiz N, Pizarro M, et al. Organophosphate ester (OPEs) flame retardants and plasticizers in the open Mediterranean and Black Seas atmosphere [J]. Environmental Science & Technology, 2014, 48: 3203–3209.

[24] Cenci RM, Martin JM. Concentration and fate of trace metals in Mekong River Delta [J]. Sci. Total Environ., 2004, 332: 167–182.

[25] Chen X, Zhu L, Pan X, et al. Isomeric specific partitioning behaviors of perfluoroalkyl substances in water dissolved phase, suspended particulate matters and sediments in Liao River Basin and Taihu Lake, China [J]. Water Res., 2015, 80: 235–244.

[26] Chen M, Liu Y, Guo R, et al. Spatiotemporal distribution and risk assessment of organophosphate esters in sediment from Taihu Lake, China [J]. Environmental Science and Pollution Research, 2018, 25: 13787–13795.

[27] Cho KJ, Hirakawa T, Mukai T, et al. Origin and stormwater runoff of TCP (tricresyl phosphate) isomers [J]. Water Research, 1996, 30: 1431–1438.

[28] Choo G, Cho HS, Park K, et al. Tissue–specific distribution and bioaccumulation potential of organophosphate flame retardants in crucian carp [J]. Environmental Pollution, 2018, 239: 161–168.

[29] Chu SG, Letcher RJ. Determination of organophosphate flame retardants and plasticizers in lipid–rich matrices using dispersive solid–phase extraction as a sample cleanup step and ultra–high performance liquid chromatography with atmospheric pressure chemical ionization mass spectrometry [J]. Analytica Chimica Acta, 2015, 885: 183–190.

[30] Clark AE, Yoon S, Sheesley RJ, et al. Spatial and Temporal Distributions of Organophosphate Ester Concentrations from Atmospheric Particulate Matter Samples Collected Across Houston, TX [J]. Environmental Science & Technology, 2017, 51: 4239–4247.

[31] Crimmins BS, Pagano JJ, Xia X, et al. Polybrominated Diphenyl Ethers (PBDEs): Turning the Comer in Great Lakes Trout 1980–2009 [J]. Environmental Science &Technology, 2012, 46: 9890–9897.

[32] Cristale J, Katsoyiannis A, Sweetman A. J, et al. Occurrence and risk assessment of organophosphorus and brominated flame retardants in the River Aire (UK) [J]. Environmental pollution, 2013a, 179: 194–200.

[33] Cristale J, García V á zquez A, Barata C, et al. Priority and emerging flame retardants in rivers: Occurrence in water and sediment, Daphnia magna toxicity and risk assessment [J]. Environment International, 2013b, 59: 232–243.

[34] Cui K, Wen J, Zeng F, et al. Occurrence and distribution of organophosphate esters in urban soils of the subtropical city, Guangzhou, China [J]. Chemosphere, 2017, 175: 514–520.

[35] Di Toro DM, Zarba CS, Hansen DJ, et al. Technical basis for establishing sediment quality criteria for nonionic organic chemicals using equilibrium partitioning [J]. Environ. Toxicol. Chem., 1991, 10: 1541–1583.

[36] Ding J, Shen X, Liu W, et al. Occurrence and risk assessment of organophosphate esters in drinking water from eastern China [J]. Science of the Total Environment, 2015, 538: 959.

[37] Ding JJ, Xu ZM, Huang W, et al. Organophosphate ester flame retardants and plasticizers in human placenta in Eastern China [J]. Sci. Total Environ., 2016, 554: 211–217.

[38] Dodson R E, Perovich LJ, Covaci A, et al. After the PBDE Phase–Out: A Broad Suite of Flame Retardants in Repeat House Dust Samples from California [J]. Environmental Science & Technology, 2012, 46: 13056–13066.

[39] Dsikowitzky L, Sträter M, Ariyani F, et al. First comprehensive screening of lipophilic organic contaminants in surface waters of the megacity Jakarta, Indonesia [J]. Mar Pollut Bull., 2016, 110: 654–664.

[40] EFSA. Opinion of the scientific panel on food additives, flavorings, processing aids and materials in contact with food (AFC) on a request from the commission related to bis(2−ethylhexyl)phthalate (DEHP) for use in food contact materials [J]. 2005.

[41] Emery R, Papadaki M, Freitas dos Santo LM, et al. Extract of sonochemical degradation and change of toxicity of a pharmaceutical precursor (triphenylphosphine oxide) in water as a function of treatment conditions [J]. Environ Intern, 2005, 31: 207−311.

[42] European Food Safety Authority. EFSA J 243:1−20. Question no. EFSA−Q−2003−191 [R].

[43] European Flame Retardants Association (EFRA). Keeping fire in check in building and construction [R], March 2012.

[44] Faiz Y, Zhao W, Feng J, et al. Occurrence of triphenylphosphine oxide and other organophosphorus compounds in indoor air and settled dust of an institute building [J]. Building & Environment, 2016, 106: 196−204.

[45] Fan X, Kubwabo C, Rasmussen PE, et al. Simultaneous determination of thirteen organophosphate esters in settled indoor house dust and a comparison between two sampling techniques [J]. Science of the Total Environment, 2014, 491−492: 80−86.

[46] Farhat A, Crump D, Chiu S, et al. In ovo effects of two organophosphate flame retardants−TCIPP and TDCPPP− on pipping success, development, mRNA expression, and thyroid hormone levels in chicken embryos [J]. Toxicological Sciences, 2013, 134(1): 92−102.

[47] Fernie KJ, Palace V, Peters LE, et al. Investigating endocrine and physiological parameters of captive American kestrels exposed by diet to selected organophosphate flame retardants [J]. Environ. Sci. Technol., 2015, 49, 7448−7455.

[48] Fu L, Du B, Wang F, et al. Organophosphate triesters and diester degradation products in municipal sludge from wastewater treatment plants in China: spatial patterns and ecological implications [J]. Environmental Science & Technology, 2017, 51: 13614−13623.

[49] Gao Z, Deng Y, Hu X, et al. Determination of organophosphate esters in water samples using an ionic liquid−based sol−gel fiber for headspace solid−phase microextraction coupled to gas chromatography−flame photometric detector [J]. Journal of Chromatography A, 2013, 1300: 141−150.

[50] Gao Z, Deng Y, Yuan W, et al. Determination of organophosphorus flame retardants in fish by pressurized liquid extraction using aqueous solutions and solid−phase microextraction coupled with gas chromatography− flame photometric detector [J]. Journal of Chromatography A, 2014, 1366: 31−37.

[51] Gao L, Shi Y, Li W, et al. Occurrence and distribution of organophosphate triesters and diesters in sludge from sewage treatment plants of Beijing, China [J]. Science of the Total Environment, 2016, 544: 143−149.

[52] García−López M, Rodríguez I, Cela R. Microwave−assisted extraction of organophosphate flame retardants and plasticizers from indoor dust samples [J]. J Chromatogr A, 2007, 1152: 280−286.

[53] García−López M, Canosa P, Rodríguez I. Trends and recent applications of matrix solid−phase dispersion [J]. Anal Bioanal Chem. 2008, 391: 963−974.

[54] García−López M, Rodríguez I, Cela R. Pressurized liquid extraction of organophosphate triesters from sediment samples using aqueous solutions [J]. Journal of Chromatography A, 2009, 1216(42):6986−6993.

[55] Giulivo M, Capri E, Kalogianni E, et al. Occurrence of halogenated and organophosphate flame retardants in sediment and fish samples from three European river basins [J]. Science of the Total Environment, 2017, 586: 782−791.

[56] Guo X, Mu T, Xian Y, et al. Ultra−performance liquid chromatography tandem mass spectrometry for the rapid simultaneous analysis of nine organophosphate esters in milk powder [J]. Food Chemistry, 2016, 196: 673−681.

[57] Haji GM, Melesse AM, Reddi L. Water quality assessment and apportionment of pollution sources using APCS− MLR and PMF receptor modeling techniques in three major rivers of South Florida [J]. Science of the Total Environment, 2016, 566−567: 1552−1567.

[58] Hartmann PC, Burgi D, Giger W. Organophosphate flame retardants and plasticizers in indoor air [J]. Chemosphere, 2004, 57(8): 781 −787.

[59] He C.T, Zheng J, Qiao L, et al. Occurrence of organophosphorus name retardants in indoor dust in multiple microenvironments of southern China and implications for human exposure [J]. Chemosphere, 2015, 133: 47−52.

[60] He M.J, Yang T, Yang ZH, et al. Occurrence and Distribution of Organophosphate esters in Surface Soil

and Street Dust from Chongqing, China: Implications for Human Exposure [J]. Archives of Environmental Contamination & Toxicology, 2017, 73: 349–361.

[61] He R, Li Y, Xiang P, et al. Impact of particle size on distribution and human exposure of flame retardants in indoor dust [J]. Environmental Research, 2018, 162: 166–172.

[62] Hu F, Wang L, Cai S. Solubilities of triphenylphosphine oxide in selected solvents [J]. J. Chem. Eng. Data, 2009, 54: 1382–1384.

[63] Hu M.Y, Li J, Zhang BB, et al. Regional distribution of halogenated organophosphate flame retardants in seawater samples from three coastal cities in China [J]. Marine Pollution Bulletin, 2014, 86(1–2): 569–574.

[64] Hu YX, Sun YX, Li X, et al. Organophosphorus flame retardants in mangrove sediments from the Pearl River Estuary, South China [J]. Chemosphere, 2017, 181: 433–439.

[65] Hou R, Liu C, Gao X, et al. Accumulation and distribution of organophosphate flame retardants (PFRs) and their di–alkyl phosphates (DAPs) metabolites in different freshwater fish from locations around Beijing, China [J]. Environ. Pollut., 2017, 229: 548–556.

[66] Jin T, Cheng J, Cai C, et al. Graphene oxide based sol–gel stainless steel fiber for the headspace solid–phase microextraction of organophosphate ester flame retardants in water samples [J]. J.Chromatogr. A, 2016, 1457: 1–6.

[67] Jiang Y, Chao S, Liu J, et al. Source apportionment and health risk assessment of heavy metals in soil for a township in Jiangsu province, China [J]. Chemosphere, 2017, 168: 1658.

[68] Kajiwara N, Noma Y, Takigami H. Brominated and organophosphate flame retardants in selected consumer products on the Japanese market in 2008 [J]. J. Hazard. Mater., 2011, 192: 1250–1259.

[69] Kawagoshi Y, Nakamura S, Fukunaga I. Degradation of organophosphoric esters in leachate from a sea–based solid waste disposal site [J]. Chemosphere, 2002, 48(2): 219 –225

[70] Kim J.W, Isobe T, Chang KH, et al. Levels and distribution of organophosphorus flame retardants and plasticizers in fishes from Manila Bay, the Philippines [J]. Environmental Pollution, 2011, 159(12): 3653–3659.

[71] Kim JW, Isobe T, Sudaryanto A, et al. Organophosphorus flame retardants in house dust from the Philippines: Occurrence and assessment of human exposure [J]. Environmental Science and Pollution Research International, 2013, 20(2): 812–822.

[72] Krauss M, Wilcke W. Sorption strength of persistent organic pollutants in particle–size fractions of urban soils [J]. Soil Science Society of America Journal, 2002, 66: 430–437.

[73] Lang Y, Wang N, Gao H, et al. Distribution and risk assessment of polycyclic aromatic hydrocarbons (PAHs) from Liaohe estuarine wetland soils [J]. Environ. Monit. Assess., 2012, 184(9): 5545–5552.

[74] Lang Y, Li GL, Yang W, et al. Ecological Risk and Health Risk Assessment of Dioxin–like PCBs in Liaohe Estuarine Wetland Soils, China [J]. Polycycl. Aromat. Comp., 2014, 34(4): 425–438.

[75] Langer S, Fredricsson M, Weschler CJ, et al. Organophosphate esters in dust samples collected from Danish homes and daycare centers [J]. Chemosphere, 2016, 154: 559–566.

[76] Lassen C, Lokke S. Danish Environmental Protection Agency (EPA), Brominated Flame Retardants: Substance Flow Analysis and Assessment of Alternatives [M]. DK EPA Report No. 494, 1999.

[77] Latendresse JR, Brooks CL, Capen CC. Pathologic effects of butylated triphenyl phosphate–based hydraulic fluid and tricresyl phosphate on the adrenal gland, ovary, and testis in the Fisclier–344 rat [J]. Toxicologic pathology, 1994, 22: 341–352.

[78] Lee SJ, Kim JH, Chang YS, et al. Characterization of polychlorinated dibenzo–p–dioxins and dibenzofurans in different particle size fractions of marine sediments [J]. Environmental Pollution, 2006, 144: 554–561.

[79] Lee S, Cho HJ, Choi W, et al. Organophosphate flame retardants (OPFRs) in water and sediment: Occurrence, distribution, and hotspots of contamination of Lake Shihwa, Korea [J]. Marine Pollution Bulletin, 2018, 130: 105–112.

[80] Leisewitz A, Kruse H, Schramm E. Substituting environmentally relevant flame retardants: Assessment fundamentals [J]. Umweltbundesamt, Berlin. 2001.

[81] Leonards P, Steindal E, Van Der Veen I, et al. Screening of organophosphor flame retardants. SPFO–Report1091/2011.TA–2786/2011.[R].2011, http://www.miljo–direktoratet.no/old/klif/publikasjoner/2786/ta2786.pdf. 2010.

[82] Leong, MI, Huang, SD. Dispersive liquid–liquid microextraction method based on solidification of floating

organic drop for extraction of organochlorine pesticides in water samples [J]. J. Chromatogr. A, 2009, 1211: 8–12.

[83] Li H, Chen J, Wu W, et al. Distribution of polycyclic aromatic hydrocarbons in different size fractions of soil from a coke oven plant and its relationship to organic carbon content [J]. Journal of Hazardous Materials, 2010, 176: 729–734.

[84] Li J, Yu NY, Zhang BB, et al. Occurrence of organophosphate flame retardants in drinking water from China [J]. Water Research, 2014, 54: 53–61.

[85] Li Y, Zhu J, Ren L, et al. Application of solvent demulsification–dispersive liquid–liquid microextraction based on solidification of floating organic drop coupled with high perfomence liquid chromatography in determination of sulfonylurea herbicides in water and soil [J]. J. Braz. Chem. Soc, 2016, 27: 1792–1799.

[86] Li J, Zhang Z, Ma L, et al. Implementation of USEPA RfD and SFO for improved risk assessment of organophosphate esters (organophosphate flame retardants and plasticizers) [J]. Environment International, 2018a, 114: 21.

[87] Li S, Shi WZ, Li HM, et al. Antibiotics in water and sediments of rivers and coastal area of Zhuhai City, Pearl River estuary, South China [J]. Sci. Total Environ., 2018b, 636: 1009–1019.

[88] Li WH, Shi YL, Gao LH, et al. Occurrence, distribution and risk of organophosphate esters in urban road dust in Beijing, China. Environ. Pollut., 2018c, 241: 566–575.

[89] Liao X, Ma D, Yan X, et al. Distribution pattern of polycyclic aromatic hydrocarbons in particle–size fractions of coking plant soils from different depth [J]. Environmental Geochemistry and Health, 2013, 35: 271–282.

[90] Liu X, Ji K, Choi K. Endocrine disruption potentials of organophosphate flame retardants and related mechanisms in H295R and MVLN cell lines and in zebrafish [J]. Aquatic Toxicology, 2012, 114: 173–181.

[91] Liu SL, Zhang H, Hu XH, et al. Analysis of organophosphate esters in sediment samples using gas chromatography–tandem mass spectrometry [J]. Chinese Journal of Analytical Chemistry, 2016, 44(2): 192–197.

[92] Liu YH, Song NH, Guo RX, et al. Occurrence and partitioning behavior of organophosphate esters in surface water and sediment of a shallow Chinese freshwater lake (Taihu Lake): Implication for ecotoxicity risk [J]. Chemosphere, 2018, 202: 255–263.

[93] Long P, Yang P, Ge L, et al. Accelerated solvent extraction combined with solid phase extraction for the determination of organophosphate esters from sewage sludge compost by UHPLC–MS/MS [J]. Analytical & Bioanalytical Chemistry, 2017, 409(5): 1435–1440.

[94] Losada S, Parera J, Abalos M, et al. Suitability of selective pressurized liquid extraction combined with gas chromatography–ion–trap tandem mass spectrometry for the analysis of polybrominated diphenyl ethers [J]. Analytica Chimica Acta, 2010, 678(1): 73–81.

[95] Lu JX, Ji W, Ma ST, et al. Analysis of organophosphate esters in dust, soil and sediment samples using gas chromatography coupled with mass spectrometry [J]. Chinese Journal of Analytical Chemistry, 2014, 42(6): 859–865.

[96] Luo YM, Teng Y, Guo Y. Soil remediation–a new branch discipline of soil science [J]. Chin J Soil, 2005, 37: 230–235.

[97] Luo H, Xian Y, Guo X, et al. Dispersive liquid–liquid microextraction combined with ultrahigh performance liquid chromatography/tandem mass spectrometry for determination of organophosphate esters in aqueous samples [J]. Sci. World J., 2014, 2014: 162465.

[98] Luo P, Bao LJ, Guo Y, et al. Size–dependent atmospheric deposition and inhalation exposure of particle–bound organophosphate flame retardants [J]. Journal of Hazardous Materials, 2016, 301: 504–511.

[99] Luo Q, Shan Y, Muhammad A, et al. Levels, distribution, and sources of organophosphate flame retardants and plasticizers in urban soils of Shenyang, China [J]. Environmental Science and Pollution Research, 2018a, 25: 31752–3176.

[100] Luo Q, Wang SY, Shan Y, et al. Matrix solid–phase dispersion coupled with gas chromatography–tandem mass spectrometry for simultaneous determination of 13 organophosphate esters in vegetables [J]. Analytical and Bioanalytical Chemistry, 2018b, 410: 7077–7084.

[101] Luo Q, Wang SY, Sun LN, et al. Simultaneous accelerated solvent extraction and purification for the determination of thirteen organophosphate esters in soils by gas chromatography–tandem mass spectrometry

[J]. Environmental Science and Pollution Research, 2018c, 25: 19546–19554.

[102] Luo Q, Gu LY, Shan Y, et al. Distribution, source apportionment and health risk assessment of polycyclic aromatic hydrocarbons in urban soils from Shenyang, China [J]. Environ. Geochem. Health., 2020a, 42: 1817–1832.

[103] Luo Q, Gu LY, Wu ZP, et al. Distribution, source apportionment and ecological risks of organophosphate esters in surface sediments from the Liao River, Northeast China [J]. Chemosphere, 2020b, 250: 126297.

[104] Luo Q, Gu LY, Shan Y, et al. Human health risk assessment of organophosphate esters in the urban topsoils of Shenyang, China [J]. Pol. J. Environ. Stud., 2020c, 29(4): 2731–2742.

[105] Ma Y, Cui K, Feng Z, et al. Microwave–assisted extraction combined with gel permeation chromatography and silica gel cleanup followed by gas chromatography–mass spectrometry for the determination of organophosphorus flame retardants and plasticizers in biological samples [J]. Analytica Chimica Acta, 2013a, 786(13): 47–53.

[106] Ma, Y, Hites, RA. Electron impact, electron capture negative ionization and positive chemical ionization mass spectra of organophosphorus flame retardants and plasticizers [J]. Journal of Mass Spectrometry, 2013b, 48(8), 931–936.

[107] Ma Y, Xie Z, Lohmann R, et al., Organophosphate Ester Flame Retardants and Plasticizers in Ocean Sediments from the North Pacific to the Arctic Ocean [J]. Environmental Science & Technology, 2017, 51, 3809–3815.

[108] Malavia J, Santos FJ, Galceran MT. Simultaneous pressurized liquid extraction and clean–up for the analysis of polybrominated biphenyls by gas chromatography–tandem mass spectrometry [J]. Talanta, 2011, 84(4):1155–62.

[109] Malik A, Verma P, Singh A.K, et al. Distribution of polycyclic aromatic hydrocarbons in water and bed sediments of the Gomti River, India [J]. Environ. Monit. Assess., 2011, 172, 529–545.

[110] Marklund A, Andersson B, Haglund P. Screening of organophosphorus compounds and their distribution in various indoor environments [J]. Chemosphere, 2003, 53(9): 1137–1146.

[111] Marklund A, Andersson B, Haglund P. Organophosphorus flame retardants and plasticizers in Swedish sewage treatment plants [J]. Environmental Science & Technology, 2005, 39(19): 7423–7429.

[112] Martínez–Carballo E, González–Barreiro C, Sitka A. Determination of selected organophosphate esters in the aquatic environment of Austria [J]. Science of the Total Environment, 2007, 388(1–3): 290–299.

[113] Makinen MSE, Makinen MRA, Koistinen JTB, et al. Respiratory and dermal exposure to organophosphoras flame retardants and tetrabromobkphenol A at five work environments [J]. Environmental Science & Technology, 2009, 43(3): 941–947.

[114] Matuszewski BK, Constanzer ML, Chavezeng CM. Strategies for the assessment of matrix effect in quantitative bioanalytical methods based on HPLC–MS/MS [J]. Anal. Chem., 2003, 75: 3019–3030.

[115] Matsukami H, Tue NM, Suzuki G, et al. Flame retardant emission from e–waste recycling operation in northern Vietnam: Environmental occurrence of emerging organophosphorus esters used as alternatives for PBDEs [J]. Science of the Total Environment, 2015, 514: 492–499.

[116] Matthews H, Eustis S, Haseman J. Toxicity and carcinogenicity of chronic exposure to tris (2–chloroethyl) phosphate [J]. Toxicological Sciences, 1993, 20: 477–485.

[117] McLusky, DS. The estuarine ecosystem (Second Edition) [M]. Springer, Dordrecht, 1989.

[118] McWilliams, A. Flame retardant chemicals: technologies and global markets [R]. https://www.bccresearch.com/market–research/chemicals/flameretardantchemicals–markets–report.html, Accessed date: 11 June 2020, 2018.

[119] Meeker JD, Stapleton HM. House dust concentrations of organophosphate flame retardants in relation to hormone levels and semen quality parameters [J]. Environmental Health Perspectives, 2010, 118: 318.

[120] MEPC, Ministry of Environmental Protection of the People's Republic of China. Exposure Factors Handbook of Chinese Population [M]. China Environmental Science Press, Beijing, China. 2013.

[121] Mihajlović I, Miloradov MV, Fries E. Application of Twisselmann extraction, SPME, and GC–MS to assess input sources for organophosphate esters into soil [J]. Environmental Science & Technology, 2011, 45: 2264–2269.

[122] Mihajlovic' I, Fries E. Atmospheric deposition of chlorinated organophosphate flame retardants (OFR) onto

soils [J]. Atmospheric Environment, 2012, 56: 177– 183.

[123] Moller A, Sturm R, Xie Z, et al. Organophosphorus flame retardants and plasticizers in airborne particles over the Northern Pacific and Indian Ocean toward the Polar Regions: evidence for global occurrence [J]. Environmental Science & Technology, 2012, 46(6): 3127–3134.

[124] Mustaffa NI, Latif MT, Ali MM, et al. Source apportionment of surfactants in marine aerosols at different locations along the Malacca Straits [J]. Environmental Science & Pollution Research, 2014, 21: 6590–6602.

[125] Nascimento RA, de Almeida M, Escobar NCF, et al. Sources and distribution of polycyclic aromatic hydrocarbons (PAHs) and organic matter in surface sediments of an estuary under petroleum activity influence, Todos os Santos Bay, Brazil [M]. Mar. Pollut. Bull., 2017, 119: 223–230.

[126] O'Brien JW, Thai PK, Brandsma SH, et al. Wastewater analysis of Census day samples to investigate per capita input of organophosphoms flame retardants and plasticizes into wastewater [J]. Chemosphere, 2015, 138: 328–334.

[127] Oen A, Cornelissen G, Breedveld GD. Relation between PAH and black carbon contents in sizefraction of Norwegian harbor sediments [J]. Environ. Pollut. 2006, 141: 370–380.

[128] Peverly AA, O' Sullivan C, Liu LY, et al. Chicago' s sanitary and ship canal sediment: polycyclic aromatic hydrocarbons, polychlorinated biphenyls, brominated flame retardants, and organophosphate esters [J]. Chemosphere, 2015, 134: 380–386.

[129] Quintana JB, Rodil R, Lopez–Mahia R, et al. Optimization of a selective method for the determination of organophosphorous trimesters in outdoor particulate samples by pressurized liquid extraction and large-volume injection gas chromatography–positive chemical ionisation–tandem mass spectrometry [J]. Analytical and Bioanalytical Chemistry. 2007, 388(5–6): 1283–1293.

[130] Reemtsma T, Quintana JB, Rodil R, et al. Organophosphorus flame retardants and plasticizers in water and air I. Occurrence and fate [J]. Trac–Trends in Analytical Chemistry, 2008, 27(9): 727–737.

[131] Regnery J, Puttmann W. Occurrence and fate of organophosphorus flame retardants and plasticize in urban and remote surface waters in Germany [J]. Water Research, 2010, 44(14): 4097–4104.

[132] Regnery J, P ü ttmann W, Merz C, et al. Occurrence and distribution of organophosphous flame retardants and plastizers in anthropogenically affected groundwater [J]. J. Environ. Monit. 2011, 13: 347–354.

[133] Rodríguez I, Calvo F, Quintana JB, et al. Suitability of solid–phase microextraction for the determination of organophosphate flame retardants and plasticizers in water samples [J]. Journal of Chromatography A, 2006, 1108(2): 158–165.

[134] Ruckman S, Green O, Palmer A, et al. Tri–isobutylphosphate: a prenatal toxicity study in rats [J]. Toxicology Letters, 1999, 105: 231.

[135] Saboori AM, Lang DM, Newcombe DS. Structural requirements for the inhibition of human monocyte carboxylesterase by organophosphoms compounds [J]. Chemico–Biological Interactions, 1991, 80: 327–338.

[136] Saini A, Thaysen C, Jantunen L, et al. From Clothing to Laundry Water: Investigating the Fate of Phthalates, Brominated Flame Retardants, and Organophosphate esters [J]. Environmental Science & Technology, 2016, 50:9289–9297.

[137] Salamova A, Ma Y, Venier M, et al. High levels of organophosphate flame retardants in the Great Lakes atmosphere [J]. Environmental Science & Technology Letters, 2014a, 1(1): 8–14.

[138] Salamova A, Hermanson MH, Hites RA. Organophosphate and halogenated flame retardants in atmospheric particles from a European Arctic site [J]. Environmental Science & Technology, 2014b, 48(11): 6133–6140.

[139] Sanchez C, Ericsson M, Carlsson H, et al. Determination of organophosphate esters in air samples by dynamic sonication–assisted solvent extraction coupled on–line with large–volume injection gas chromatography utilizing a programmed–temperature vaporizer [J]. Journal of Chromatography A, 2003, 993: 103–110.

[140] Shi Y, Gao L, Li W, et al. Occurrence, distribution and seasonal variation of organophosphate flame retardants and plasticizers in urban surface water in Beijing, China [J]. Environmental Pollution, 2016, 209: 1–10.

[141] Simeonov V, Stratis JA, Samara C, et al. Assessment of the surface water quality in Northern Greece [J]. Water research, 2003, 37: 4119–4124.

[142] Staaf T, Ostman C. Organophosphate triesters in indoor environments [J]. Journal of Environmental Monitoring, 2005, 7(9): 883–887.

[143] Stapleton HM, Klosterhaus S, Eagle S, et al. Detection of organophosphate flame retardants in furniture foam

and US house dust [J]. Environmental Science & Technology, 2009, 43(19): 7490–7495.

[144] Stapleton H, Sharma S, Getzinger G, et al. Novel and high volume use flame retardants in us couches reflective of the 2005 pentabde phase out [J]. Environmental Science & Technology, 2012, 46: 13432.

[145] Sternbeck J, Helén Österås A, Woldegiorgis A. Screening of TPPO, TMDD and TCEP, three polar pollutants [R]. Swedish Environmental Protection Agency, Stockholm, Sweden. 2012.

[146] Sun R, Sun Y, Li QX, et al. Polycyclic aromatic hydrocarbons in sediments and marine organisms: implications of anthropogenic effects on the coastal environment [J]. Sci. Total Environ., 2018, 640–641, 264–272.

[147] Tan XX, Luo XJ, Zheng XB, et al., Distribution of organophosphorus flame retardants in sediments from the Pearl River Delta in South China [J]. Science of the Total Environment, 2016, 544, 77–84.

[148] Taylor R. Interpretation of the Correlation Coefficient: A Basic Review [J]. Journal of Diagnostic Medical Sonography J Diag Med Ultra, 1990, 6: 35–39.

[149] Thompson RC, Olsen Y, Mitchell RP, et al. Lost at sea: Where is all the plastic? [J]. Science , 2004, 304; 838–838.

[150] Thiele–Bruhn S, Seibicke T, Schulten H. Sorption of sulfonamide pharmaceutical antibiotics on whole soils and particle–size fractions [J]. Journal of Environment Quality, 2004, 33: 1331–1342.

[151] Tsao YC, Wang YC, Wu SF, et al. Microwave–assisted headspace solid–phase microextraction for the rapid determination of organophosphate esters in aqueous samples by gas chromatography–mass spectrometry [J]. Talanta, 2011, 84(2): 406–410.

[152] USDoE. The Risk Assessment Information System (RAIS) [J]. U.S. Department of Energy's Oak Ridge Operations Office (ORO). 2011.

[153] USEPA. Supplemental guidance for developing soil screening levels for superfund sites [J]. OSWER9355.4–24. Office of Solid Waste and Emergency Response. US Environmental Protection Agency. Washington, DC. 2002.

[154] USEPA. Exposure Factors Handbook, final ed [R]. US Environmental Protection Agency, Washington, DC [EPA/600/R–09/052F]. 2011.

[155] USEPA. EPA Regulation 40 CFR Part 136 (Appendix B) Appendix B to Part 136–Definition and Procedure for the Determination of the Method Detection Limit–Revision 1.11[R]. US Environmental Protection Agency (EPA). Available at http://www.ecfr.gov/. 2013.

[156] USEPA. EPA Positive Matrix Factorization (PMF) 5.0, Fundamentals and User Guide [R]. EPA/600/R–14/108, Environmental Protection Agency, Washington, DC. https://www.epa.gov/sites/production/files/2015–02/documents/pmf_5.0_user_guide.pdf 2015.

[157] USEPA. Mid Atlantic Risk Assessment, Regional Screening Levels (RSLs)–Generic Tables [R]. http://www.epa.gov/region9/superfund/prg (accessed May, 2017). 2017.

[158] Van der Veen I, De Boer J. Phosphorus flame retardants: properties, production, environmental occurrence, toxicity and analysis [J]. Chemosphere, 2012, 88: 1119–1153.

[159] Wan WN, Zhang SZ, Huang HL, et al. Occurrence and distribution of organophosphorus esters in soils and wheat plants in a plastic waste treatment area in China [J]. Environmental Pollution, 2016, 214: 349–353.

[160] Wang D, Fu B, Zhao W, et al. Multifractal characteristics of soil particle size distribution under different land–use types on the loess plateau, China [J]. Catena, 2008, 72: 29–36.

[161] Wang, X, Wang, Y, Zou, X et al. Improved dispersive liquid–iquid microextraction based on the solidification of floating organic droplet method with a binary mixed solvent applied for determination of nicotine and cotinine in urine [J]. Anal. Methods, 2014a, 6: 2384–2389.

[162] Wang X, He Y, Li L, et al. Application of fully automatic hollow fiber liquid phase microextraction to assess the distribution of organophosphate esters in the Pearl River Estuaries [J]. Science of the Total Environment, 2014b, 470–471: 263–269.

[163] Wang R, Tang J, Xie Z, et al. Occurrence and spatial distribution of organophosphate ester flame retardants and plasticizers in 40 rivers draining into the Bohai Sea, north China [J]. Environ Pollut., 2015a, 198: 172–178.

[164] Wang Y, Wang SR, Xu Y, et al. Characterization of the exchange of PBDEs in a subtropical paddy field of China: a significant inputs of PBDEs via air–foliage exchange [J]. Environ. Pollut., 2015b, 205: 1–7.

[165] Wang Y, Hou M, Zhang Q, et al. Organophosphorus flame retardants and plasticizers in building and

decoration materials and their potential burdens in newly decorated houses in China [J]. Environmental Science & Technology, 2017, 51: 10991–10999.

[166] Wang XL, Zhu LY, Zhong WJ, et al., Partition and Source Identification of Organophosphate esters in the Water and Sediment of Taihu Lake, China [J]. Journal of Hazardous Materials, 2018a, 360, 43–50.

[167] Wang C, Zhou S, Song J, et al. Human health risks of polycyclic aromatic hydrocarbons in the urban soils of Nanjing, China [J]. Science of the Total Environment, 2018b, 612: 750.

[168] Wang Y, Kannan P, Halden R, et al. A nationwide survey of 31 organophosphate esters in sewage sludge from the United States [J]. Science of the Total Environment, 2018c, 655: 446–453.

[169] Wang Y, Sun H, Zhu H, et al. Occurrence and distribution of organophosphate flame retardants (OPFRs) in soil and outdoor settled dust from a multi–waste recycling area in China [J]. Science of the Total Environment, 2018d, 625: 1056–1064.

[170] Wang Y, Yao Y, Li W, et al. A nationwide survey of 19 organophosphate esters in soils from China: Spatial distribution and hazard assessment [J]. Science of the Total Environment, 2019a, 671: 528–535.

[171] Wang XL, Zhong WJ, Xiao BW, et al. Bioavailability and biomagnification of organophosphate esters in the food web of Taihu Lake, China: Impacts of chemical properties and metabolism [J]. Environ. Int., 2019b, 125: 25–32.

[172] Wang Q, Zhao H, Bekele TG, et al. Organophosphate esters (OPEs) in wetland soil and suaeda salsa from intertidal laizhou bay, north china: levels, distribution, and soil–plant transfer model [J]. Sci. Total Environ., 2020, 764: 142891.

[173] Wei GL, Li DQ, Zhuo MN, et al. Organophosphorus flame retardants and plasticizers: sources, occurrence, toxicity and human exposure [J]. Environmental Pollution, 2015, 196: 29–46.

[174] Wilkowska A, Biziuk M. Determination of pesticide residues in food matrices using the QUECHERS methodology. Food Chem. 2011, 125: 803–812.

[175] Wolschke H, Sühring R, Massei R, et al.Regional variations of organophosphorus flame retardants –Fingerprint of large river basin estuaries/deltas in Europe compared with China [J]. Environmental Pollution, 2018, 236: 391–395.

[176] World Health Organization. Environmental Health Criteria 209, Flame Retardants: Tris(chloropropyl) Phosphate and Tris(2–chloroethyl) Phosphate [J]. World Health Organization, Geneva, Switzerland. 1998.

[177] World Health Organization. Environmental Health Criteria 209, Flame Retardants: Tris(2–butoxyethyl) Phosphate, Tris(2–ethylhexyl) Phosphate and Tetrakis(hydroxymethyl) Phosphonium Salts [J]. World Health Organization, Geneva, Switzerland. 2000.

[178] Wu M, Yu G, Cao Z, et al. Characterization and human exposure assessment of organophosphate flame retardants in indoor dust from several microenvironments of Beijing, China [J]. Chemosphere, 2016, 150: 465–471.

[179] Xia C, Lam JC, Wu X, et al. Levels and distribution of polybrominated diphenyl ethers (PBDEs) in marine fishes from Chinese coastal waters [J]. Chemosphere, 2011, 82: 18–24.

[180] Xing LQ, Zhang Q, Sun X, et al., Occurrence, distribution and risk assessment of organophosphate esters in surface water and sediment from a shallow freshwater Lake, China [J]. Science of the Total Environment, 2018, 636, 632–640.

[181] Xu H, Ding ZQ, Lv L, et al. A novel dispersive liquid–liquid microextraction based on solidification of floating organic droplet method for determination of polycyclic aromatic hydrocarbons in aqueous samples [J]. Anal. Chim. Acta, 2009, 636: 28–33.

[182] Yadav IC, Devi NL, Li J, et al. Organophosphate ester flame retardants in Nepalese soil: Spatial distribution, source apportionment and air–soil exchange assessment [J]. Chemosphere, 2017, 190: 114–123.

[183] Yadav IC, Devi NL, Li J, et al. Organophosphate ester flame retardants in nepalese soil: spatial distribution, source apportionment and air–soil exchange assessment [J]. Chemosphere, 2018a, 190: 114–123.

[184] Yadav IC, Devi NL, Li J, et al. Concentration and spatial distribution of organophosphate esters in the soil–sediment profile of Kathmandu Valley, Nepal: Implication for risk assessment [J]. Science of the Total Environment, 2018b, 613–614: 502–512.

[185] Yan X, He H, Peng Y, et al. Determination of Organophosphorus Flame Retardants in Surface Water by Solid Phase Extraction Coupled with Gas Chromatography–Mass Spectrometry [J]. Chinese J. Anal. Chem., 2012,

40: 1693–1697.

[186] Yan Z, Liu Y, Yan K, et al. Bisphenol analogues in surface water and sediment from the shallow Chinese freshwater lakes: Occurrence, distribution, source apportionment, and ecological and human health risk [J]. Chemosphere, 2017, 184: 318–328.

[187] Yang R, Ding J, Huang W, et al. Particle size–specific distributions and preliminary exposure assessments of organophosphate flame retardants in office air particulate matter [J]. Environmental Science & Technology, 2014a, 48(1): 63–70.

[188] Yang W, Lang Y, Bai J, et al. Quantitative evaluation of carcinogenic and non–carcinogenic potential for PAHs in coastal wetland soils of China [J]. Ecological Engineering, 2014b, 74: 117.

[189] Yin HL, Li SP, Ye ZX, et al. Pollution characteristics and sources of OPEs in the soil of Chengdu City [J]. Chinese Journal of Acta Scientiae Circumstantiae Chin J Acta Scien Circum, 2016, 36: 606–613.

[190] Yu L, Jia Y, Su G, et al. Parental transfer of tris(1,3–dichloro–2–propyl) phosphate and transgenerational inhibition of growth of zebrafish exposed to environmentally relevant concentrations [J]. Environmental Pollution, 2017, 220: 196.

[191] Zeng X, He L, Cao S, et al. Occurrence and distribution of organophosphate flame retardants/plasticizers in wastewater treatment plant sludges from the Pearl River Delta, China [J]. Environmental Toxicology & Chemistry, 2014, 33: 1720–1725.

[192] Zeng XY, Liu Y, He LX, et al. The occurrence and removal of organophosphate ester flame retardants/ plasticizers in a municipal wastewater treatment plant in the Pearl River Delta, China [J]. Journal of Environmental Science and Health Part A–Toxic/Hazardous Substances & Environmental Engineering, 2015, 50(12): 1291–1297.

[193] Zeng XY, Hu QP, He LX, et al., Occurrence, distribution and ecological risks of organophosphate esters and synthetic musks in sediments from the Hun River [J]. Ecotoxicology and Environmental safety, 2018, 160, 178–183.

[194] Zha DP, Li Y, Yang CM, et al., Assessment of organophosphate flame retardants in surface water and sediment from a freshwater environment (Yangtze River, China) [J]. Environmental Monitoring & Assessment, 2018, 190, 222.

[195] Zhang HJ, Zhao XF, Ni YW, et al. PCDD/Fs and PCBs in sediments of the Liaohe River, China: Levels, distribution, and possible sources [J]. Chemosphere, 2010, 79: 754–762.

[196] Zhang X, Zou W, Mu L, et al. Rice ingestion is a major pathway for human exposure to organophosphate flame retardants (OPFRs) in China [J]. Journal of Hazardous Materials, 2016, 318: 686–693.

[197] Zhang Y. Global market analysis of flame retardant [J]. Fine and Specialty Chemicals, 2014, 22(8): 20–24.

[198] Zheng J, Gao Z, Yuan W, et al. Development of pressurized liquid extraction and solid–phase microextraction combined with gas chromatography and flame photometric detection for the determination of organophosphate esters in sediments [J]. Journal of Separation Science, 2014, 37(17): 2424–2430.

[199] Zhong MY, Wu HF, Mi WY, et al., Occurrences and distribution characteristics of organophosphate ester flame retardants and plasticizers in the sediments of the Bohai and Yellow Seas, China [J]. Science of the Total Environment, 2018, 615, 1305–1311.

[200] Zhu Y, Ma X, Su G, et al. Environmentally relevant concentrations of the flame retardant tris(1,3– dichloro–2– propyl) phosphate inhibit growth of female zebrafish and decrease fecundity [J]. Environ. Sci. Technol., 2015, 49: 14579–14587.

[201] Zong Y, Xiao Q, Lu S. Distribution, bioavailability, and leachability of heavy metals in soil particle size fractions of urban soils (Northeastern China) [J]. Environmental Science and Pollution Research, 2016, 23: 14600–14607.

[202] 程文瀚. 有机磷酸酯在南大洋海洋边界层和东南极冰盖的分布及意义 [D]. 合肥：中国科学技术大学. 2013.

[203] 高小中，许宜平，王子健. 有机磷酸酯阻燃剂的环境暴露与迁移转化研究进展 [J]. 生态毒理学报，2015，10（2）：56–68.

[204] 高立红，厉文辉，史亚利，等. 有机磷酸酯阻燃剂分析方法及其污染现状研究进展 [J]. 环境化学，2014，33（10）：1750–1761.

[205] 高立红. 北京市城市环境有机磷酸酯污染水平和分布特征研究 [D]. 北京：北京科技大学. 2016.

[206] 高占啟 . 新型离子液体 SPME 涂层在有机磷酸酯的检测与生物可利用性评估中的应用 [D]. 南京：南京大学 . 2013.

[207] 何明靖，杨婷，杨志豪，等 . 有机磷酸酯在三峡库区土壤中污染特征 [J]. 环境科学，2017，38（12）：5256–5261.

[208] 金婷婷 . 基于氧化石墨烯的固相微萃取涂层制备及其在环境水样中有机磷酸酯阻燃剂分析中的应用研究 [D]. 武汉：华中师范大学 . 2016.

[209] 鹿建霞，季雯，马盛韬，等 . 气相色谱 / 质谱法检测灰尘，土壤和沉积物中有机磷酸酯 [J]. 分析化学，2014，42（6）：859–865.

[210] 欧育湘 . 我国有机磷阻燃剂产业的分析与展望 [J]. 化工进展，2011，30（1）：210–215.

[211] 秦宏兵，范苓，顾海东 . 固相萃取 – 气相色谱 / 质谱法测定水中 6 种有机磷酸酯类阻燃剂和增塑剂 [J]. 分析科学学报，2014，30（2）：259–262.

[212] 苏冠勇，余益军，刘红玲，等 . 光纤 – 固相微萃取耦合气相色谱法检测水中多溴联苯醚及其甲氧基衍生物 [J]. 分析化学，2013，41（5）：754–759.

[213] 谭晓欣 . 珠江三角洲沉积物和水生生物中有机磷系阻燃剂的分布特征 [D]. 广州：中国科学院广州地球化学研究所 . 2016.

[214] 温家欣 . 有机磷酸酯阻燃剂的分离分析技术及其应用研究 [D]. 广州：中山大学 . 2010.

[215] 王晓伟，刘景富，阴永光 . 有机隣酸醋阻燃剂污染现状与研究进展 [J]. 化学进展，2010，22（10）：1983–1992.

[216] 王润梅 . 环渤海主要入海河流有机磷酸酯阻燃剂的初步研究 [D]. 烟台：中国科学院烟台海岸带研究所 . 2015.

[217] 严小菊，何欢，彭英，等 . 固相萃取 – 气相色谱质谱法检测水体中典型有机磷酸酯阻燃剂 [J]. 分析化学，2012，40（11）：1693– 1697.

[218] 严小菊 . 典型有机磷酸酯阻燃剂在太湖水体和底泥中存在水平和分布特征 [D]. 南京：南京大学 . 2013.

[219] 印红玲，李世平，叶芝祥，等 . 成都市土壤中有机磷阻燃剂的污染特征及来源分析 [J]. 环境科学学报，2016，36（2）：606–613.

[220] 杨志豪，何明靖，杨婷，等 . 有机磷酸酯在重庆不同城市功能区土壤的分布特征及来源 [J]. 环境科学，2018，39（11）：5135–5141.